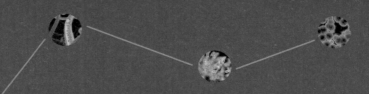

윤철종 박사의 생명과학 시리즈

윤철종의 마이크로월드

Microworld

신학과 신앙 그리고 인문학 및 자연과학은
학문적 편의에 따라 구분과 경계

개인 차이는 있으나 사람 몸은 약60조 세포가
조직과 장기를 이루며 유기적으로 협력하는 독립된 생명체입니다.
인류의 조상부터 지금까지 그리고 미래에도 생명의 기본 단위인 세포는
다양한 구조와 그 기능면에서 변함이 없습니다.

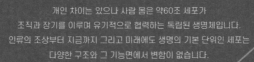

다바르

서문

　개인의 차이는 있으나 사람의 몸은 약 60조개의 세포가 조직과 장기를 이루며 유기적으로 협력하는 독립된 생명체입니다. 인류의 조상으로부터 지금까지 그리고 미래에도 생명의 기본 단위인 세포는 다양한 구조와 그 기능면에서 변함이 없습니다. 저자는 과거 20년 이상을 전자현미경으로 표본을 제작하며 관찰한 세포생물학자이며 현직 목회자입니다. 신학과 신앙 그리고 인문학 및 자연과학은 학문적 편의에 따라 구분과 경계가 있을 수 있습니다. 그러나 창조주 하나님의 세상은 진리 안에서 나눌 수 없는 하나임을 알게 합니다.

　그동안 월간지 과학동아와 동아일보에 투고한 원고와 순복음가족신문에서 '마이크로월드'에 기고한 글을 모아 보았습니다. 본 책은 가능한 일반인의 이해를 돕기 위해 쉽게 기술하였습니다. 그럼에도 불구하고 다소 생소하고 어려운 부분이 있을 수 있습니다. 편의에 따라 일부만 선택하거나 건너뛰어 읽어도 무리가 없습니다. 내용에서 다소 미비할지라도 저자가 직접 촬영한 사진만을 대상으로 기술했습니다. 참고로 고배율 세포사진은 본래 흑백이미지를 이해를 돕기 위해 컴퓨터로 다양하게 색을 입힌 것입니다.

한편 본 책을 저술하게 된 것은 특정분야의 전문직으로 근무하도록 주위에 협조와 배려가 있으므로 가능했습니다. 특별히 국가진료기관 및 관련 연구기관에서 함께한 관계자 여러분의 큰 도움이 있었음을 지면을 통해 감사드립니다. 또한 오랜 기간 원고를 게재하도록 배려하고 수정 및 교정을 담당한 순복음가족신문의 박재형, 이미나 기자와 책을 만들도록 권면한 김포명성교회 김학범 목사님과 최종적으로 본 원고를 정리하고 디자인으로 도운 주향교회 임경묵 목사님에게 감사를 전합니다.

2020년 11월 김포시 구래동
르호봇 코워십스테이션에서

일러두기

　본 책의 내용은 일반인을 위한 저술로써 3차원적 입체구조를 관찰하는 주사전자현미경과 세포표본을 60나노미터 두께로 얇게 절편을 만들어 투과전자현미경으로 촬영한 평면 사진을 실었습니다. 사진의 확대배율은 책의 지면에 따라 편집하는 중에 축소되는 것이 일반적이어서 사실 확대배율보다 축소된 사진인 것을 먼저 밝혀둡니다. 그리고 전자현미경 원본사진 모두는 흑백인데 일반인이 쉽게 알아 볼 수 있도록 포토샵 컴퓨터 프로그램을 사용하여 임의적으로 채색을 하였다는 것도 알려드립니다.

　이 책은 우리의 몸을 이루고 있는 약 130여종의 세포 중에 지극히 일부만을 다루고 있다는 것도 알고 읽으면 좋겠습니다. 다만 세포생물학의 특정분야에 전문지식을 일반인도 함께 알 수 있도록 가능한 전문용어를 사용하지 않았고 심도 있게 많은 지식도 서술하지 않았습니다. 다만 특정 분야의 전문가만 다루고 있는 영역의 전자현미경적 세포구조와 그 기능을 같이 공유하기를 노력했을 뿐입니다.

독자는 이 책에서 1,000배에서 수만 배 확대에 이르기까지 고배율의 사진을 볼 것입니다. 눈에 보이지 않는 아주 작은 한 개 혹은 몇 개의 세포를 사진 한 장에 담아내는 일과 설명하는 일은 매우 어려운 일입니다. 그러므로 미진하고 부족한 내용과 사진은 기회가 되면 다시 다룰 수 있기를 기대해 봅니다. 현대 과학은 하루가 다르게 빠르게 발전하여 과거의 지식이 무용지물처럼 되기도 하며 새로운 세포학의 이론이 정립되는 시대입니다. 혹시라도 본서를 읽으면서 생각이 다르거나 이의를 제시하면 겸허히 받아들이고 배울 자세가 되어 있습니다.

현재 저자는 현역 개신교 목회자로서 그동안 저자가 교계 관련 신문에 연재한 글과 사진을 모아서 다시 정리하였습니다. 그러므로 일부 신앙적 표현과 권면이 있음을 먼저 알려드립니다. 본서를 읽고 우리의 몸을 이루고 있는 세포를 조금이라도 알고 이해하여 건강한 생활에 도움이 되기를 바랍니다. 마지막으로 창조주 하나님의 대한 지혜와 위대하심을 인지하며 생명의 아름다움과 존귀함을 아는 신앙고백의 기회가 되길 간절히 소망합니다.

목차

2부 두 번째 세포 이야기
알고 싶고 궁금한 세포들   69

3부 세 번째 세포 이야기
세포와 그 일부 소기관에 관한 이야기   115

4부 네 번째 세포 이야기
특수하고 예민한 감각 세포들   145

5부 다섯 번째 세포 이야기
세포와 질병   171

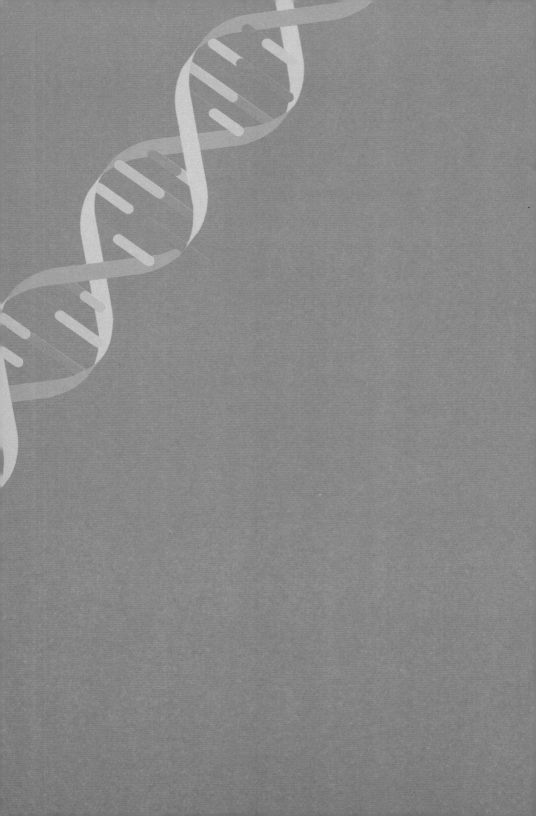

1부

첫 번째 세포 이야기
우리 몸에서 친숙하게 잘 알려진 세포들

1. 면역세포 중에 백혈구의 일종인 임파구
2. 비만의 원흉 같아도 고마운 지방세포
3. 산소와 이산화탄소 택배기사 적혈구
4. 손상된 혈관을 전문으로 수리하는 혈소판
5. 우리 몸의 커다란 물류시스템, 혈관
6. 혈액의 흐름에서 역류를 막아주는 판막
7. 맑은 혈액으로 여과장치 콩팥(신장)
8. 일단 버린 것을 다시 챙기는 세뇨관
9. 남성의 유전정보를 전달하는 정자
10. 일등만 존재하는 냉혹한 승부사, 정자
11. 새로운 생명이 시작되는 곳, 난자
12. 다른 영장류와 구분되는 머리카락
13 인체의 공기청정 여과장치 허파꽈리
14. 연륜과 존경의 대상이 되는 흰머리

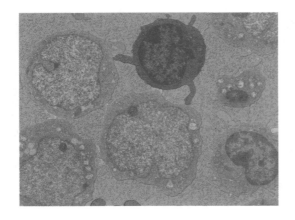

백혈구의 일종인 임파구는 혈관을 통해 이동하지만 혈관에서 나와 세포 사이를 돌아다니며 면역체계를 감시하며 다른 면역세포를 도와주기도 한다.

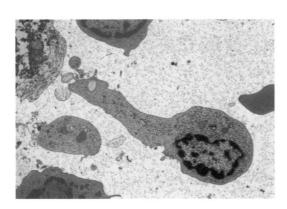

백혈구 – 마치 달팽이가 이주하는 모습과 같다

암을 전문적으로 연구하는 학자들에 따르면 확률적으로 하루에 우리 몸에서 생기는 암세포는 수백 혹은 수천 개에 이른다. 그러나 이들의 대부분은 증식하지 못하고 죽는 것으로 알려졌다. 대부분 암세포가 여러 종류 면역세포들에게 인지되어 죽게 되기 때문이다.

1. 면역세포 중에
백혈구의 일종인 임파구

기뻐하고 감사하면 면역력도 '쑥쑥'

백혈구… 우리 몸 지키는 파수꾼

생명의 기본 단위는 하나의 세포이다. 우리 몸은 기능적으로 분화된 수 많은 세포들로 구성되어 있다. 그중에는 수많은 세포들을 보호하는 면역 체계를 구성하여 감시하며 보호하는 세포로서 특화된 여러 가지 종류의 면역세포가 있다.

임파구는 이러한 역할에 대하여 잘 훈련된 세포로서 우리 몸 안에 질병 이나 외부의 침입자에 대하여 효율적으로 대처하는 일을 담당한다. 면역 세포들 중에 오래 살면서 그 역할을 충실하게 한다. 이 세포는 본래 뼈 속 에서 태어나 어느 장소에서 어떻게 훈련을 받는지에 따라서 그 역할이 나 누어진다. 이들 임파구가 만들어 내는 것은 사이토카인이라는 세포독성 물질로 세균이나 곰팡이, 바이러스 등 외부에서 우리 몸으로 침입한 미생물에 대해 방어 작용을 한다. 만일 외부의 미생물이 우리 몸에 침입했을 때 어떤 이유에서든 우리 몸의 면역력이 약해져 있다는 것은 이들 임파구의 활동력이 떨어졌다는 것을 의미한다. 방어기능이 약해진 우리 몸은 쉽게 감염되어 질병에 걸리게 된다. 예방접종을 하는 것은 이들 면역세포에게 병을 일으키는 병원체를 인지하고 이에 저항력을 키우고 관련 정보를 잘 기억하라고 공부시키는 것과 같다.

또한 임파구는 인체 내에서는 죽어 가는 세포나 불필요한 세포를 죽이는데 특히 암세포 같은 세포를 죽이는 역할을 한다. 암을 전문적으로 연구하는 학자들에 따르면 확률적으로 하루에 우리 몸에서 생기는 암세포는 수백 혹은 수천 개에 이른다. 그러나 이들의 대부분은 증식하지 못하고 죽는 것으로 알려졌다. 대부분 암세포가 여러 종류 면역세포들에게 인지되어 죽게 되기 때문이다. 이때도 임파구는 중요한 역할을 하며 우리 몸의 암세포를 죽이거나 암세포가 성장하지 못하게 하는 역할을 한다.

일상생활에서 기쁘고 감사하는 생활과 사랑받는 사람이 질병에 대한 저항력과 면역성이 좋다는 연구보고는 오래전부터 알려져 있다. 요한삼서 1장2절 말씀처럼 그리스도인이 하나님으로부터 사랑하는 자라 칭함을 받는 것은 말로 형용할 수 없는 큰 은혜다. 이를 통해 우리 영혼이 잘되며 모든 일에 잘되고 육신이 강건해지는 것 또한 이들 면역세포와의 기능과 무관하지 않다. 이런 면에서 사도 바울은 우리에게 이렇게 당부하고 있다.

"항상 기뻐하라. 쉬지 말고 기도하라. 범사에 감사하라. 이는 그리스도 예수 안에서 너희를 향하신 하나님의 뜻이니라"(살전 5:16~18)

근육에 존재하는 지방세포를 주사전자현미경으로 촬영. 포도송이처럼 둥근 모양을 하고 있는 낱개가 지방세포들이다.

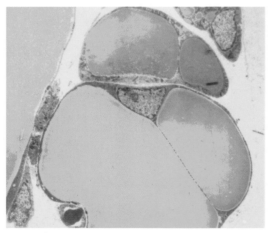

지방세포를 투과전자현미경으로 촬영한 사진

우리 몸의 지방세포는 어릴 때는 필요에 따라 세포분열을 통해 그 수가 증가하지만 어른이 되면 지방세포의 수가 증가하는 것이 아니고 이미 있는 지방세포들이 영양상태에 따라 크기의 변화만 있을 뿐이다.

2. 비만의 원흉 같아도
고마운 지방세포

군살과 작별해야 몸도 '튼튼'
운동으로 적정 몸무게 유지해야 건강

    우리 몸을 위한 영양소 중에 지방성분은 몸을 이루고 있는 약 70조 개의 모든 세포의 막을 구성하는데 절대적으로 필요하다. 새로운 세포가 만들어질 때 단백질과 함께 중요한 세포 구성 성분으로 작용하며 우리 몸의 미량이지만 중요한 각종 호르몬을 만드는 중요한 원료로 사용된다. 가장 중요한 두뇌 세포처럼 신경세포를 감싸는 구조물에도 지방의 일종인 지질성분으로 대량 필요하다.

    지방세포의 역할은 이외에도 우리 몸에서 피부를 윤택하게 하고 탄력을 유지한다. 또한 두뇌를 제외하고 피부나 심장, 신장 등 모든 장기 주위에 포진하여 외부의 물리적인 충격으로부터 장기를 보호하는 역할을 한다. 우리가 섭취한 영양분 중에 당 성분은 필요한 것만 사용하고 남은 것은 지방으로 전환시켜 지방세포에 저장하고 에너지가 부족할 때 유용하게 사용된다.

그뿐 아니라 추위에 깊이 파고드는 한기로부터 몸을 보호하는데도 두터운 지방층이 필요하다. 특히 월동을 하는 대부분의 동물이나 겨울잠을 자는 동물은 늦은 가을까지 충분한 영양분을 지방으로 저장하여 겨울을 난다.

우리가 잘 알고 있는 낙타의 경우 등에 혹이 있는데 이는 지방덩어리로 오랫동안 물 없는 사막에서 견디기 위한 영양분 저장탱크로 큰 혹에 저장한다. 목마르고 굶주릴 때는 혹의 지방을 조금씩 분해해서 에너지로 사용하고 이때 부산물인 물을 이용한다. 이렇듯 각종 세포를 이루고 있는 구성성분 중에 그 양의 차이가 있을 뿐 모든 세포는 지방성분이 있다.

그렇다면 이들 지방은 어느 곳에 주로 많이 존재할까? 당연히 지방을 저장하는 지방세포이다. 성숙한 거대 지방세포는 절대적으로 지방덩어리 그 자체이다. 그 세포 모양은 주사전자현미경으로 관찰하면 특이하게도 구형이며 포도송이처럼 생겼다. 우리 몸의 지방세포는 어릴 때까지는 필요에 따라 세포분열을 통해 그 수가 증가하지만 어른이 되면 지방세포의 수가 증가하지 않고 이미 있는 지방세포들의 크기만 달라진다. 영양상태가 좋아지면 지방세포는 커지고 영양부족 상태가 되면 작아질 뿐이다.

현대인들의 과체중은 대부분이 지방세포의 거대화이다. 지나친 영양섭취로 인해서 지방세포가 필요 이상 많은 양의 지방을 소유하게 되면 우리 몸에 나쁜 영향을 준다. 그 예로 지방세포가 커지면 체중이 늘어나고 이로 인해 무릎이나 발목의 관절 부위에 과다한 무게로 짓눌릴 수 있다. 어디 그뿐인가 혈관 내에 혈액의 점도가 높아지고 고지혈증으로 혈관에 지용성 성분이 침착 및 축적되어 혈관 내경이 좁아지고 탄력을 잃게 하는 주요 원인이 된다.

또한 과체중은 전신으로 혈액을 순환시키는 중심에 있는 심장에도 과부하를 야기한다. 과도하게 섭취된 탄수화물이나 지방은 간에 축적된다. 다량 축적이 되면 간세포의 상당한 용적이 지방과립을 가져 고유의 기능과 역할을 위축시킨다. 현대인이 성인병으로 생각하는 고혈압, 당뇨, 비만에서 과도한 지방 축적은 부정적인 영향을 주는 원인이다.

적혈구와 백혈구

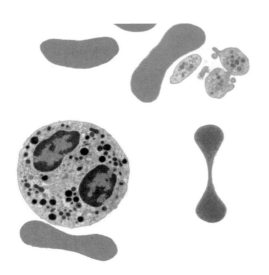

투과전자현미경으로 본 적혈
구와 백혈구(청색), 그리고 혈
소판(노란색)

혈구세포는 뼈 속에서 태어나 간에서 삶을 마감하기까지 약 120일 동안 우리 몸 구석구석을
쉼 없이 혈관을 통해 이동한다.

3. 산소와 이산화탄소
택배기사 적혈구

우리 몸의 파수꾼 혈액
적혈구, 약 120일을 살며 산소운반

성경은 피에 대하여 상징적으로 기록하고 있다. 특히 신약성경을 저술한 사도들은 모진 고통 가운데 십자가에서 피 흘려 죽음을 맞이한 예수 그리스도를 자세히 기록하고 있다. 그 피는 인류에 대한 하나님의 사랑과 구원의 표상으로 우리가 즐겨 부르는 찬송가의 가사에도 많이 나와 있다. 이렇듯 예수님의 보혈은 인류 구원사역의 중심을 이루고 있다. 그래서 기독교는 피의 종교라고 한다.

사실 붉은 피는 사람들에게는 혐오의 대상이며 공포의 대상이다. 하나님이 아담과 하와에게 가죽옷을 만들어 주시는 과정에, 에덴동산에서 최초의 피 흘림이 발생한다(창 3:21). 실낙원 후에는 가인이 아벨의 피를 흘리는 죽임을 저지른다. 그러므로 성경에서 피를 흘린다는 것은 희생 혹은 죽음을 의미한다. 동시에 피는 또 다른 생명을 의미한다. 성경은 "육체의 생명은 피에 있음이라 내가 이 피를 너희에게 주어…"(레 17:11)라고 기록하며 훗날 세상을 구원하시는 예수님께서 이 땅에 피 흘림을 예언하고 있다.

그렇다면 실제 피의 성분은 무엇일까. 간단히 설명하면 피는 붉게 보이도록 하는 적혈구와 무색 투명한 백혈구 그리고 작은 파편 같은 혈소판이란 혈액세포들과 이들을 담고 있는 노란빛의 액체인 혈장으로 구성되어 있다(사진참조).

그러나 이들 중에 절대 우위의 개체를 이루고 있는 적혈구는 모든 세포가 그렇듯 현미경으로 보아야 할 만큼 매우 작고 양면이 오목하게 생긴 원반 형태이다. 이는 뼈 속에서 태어나 간에서 삶을 마감하기까지 약 120일 동안 심장에서부터 우리 몸 구석구석을 쉼 없이 혈관을 타고 이동한다. 피를 이루고 있는 모든 세포들 중 적혈구는 그 수가 가장 많으며 만일 이들이 부족하면 빈혈로 이어지며 지나친 부족은 생명을 위태롭게 한다.

백혈구는 우리 몸의 면역을 담당하며 외부의 미생물이나 바이러스가 침입하며 그 수를 대량 늘린다. 혈소판은 피가 새지 않도록 혈관을 보수 유지하는 역할을 한다. 또한 짙은 노란색의 혈장은 각종 영양분과 우리 몸에서 분비되는 각종 호르몬을 필요한 장기로 이동하도록 도와준다.

피의 역할은 무엇보다도 우리가 섭취한 각종 영양분과 산소를 전신에 공급하며 체내에서 대사산물인 노폐물과 이산화탄소를 배출하도록 한다. 이러한 역할 때문에 전신을 순환하는 피는 몸에서 일어나는 현상을 담고 있는 중요한 액체이다. 그러므로 피를 검사해 보면 몸의 상태를 간접적으로 알아볼 수 있다.

요한은 예수 그리스도에 대하여 이렇게 고백하고 있다.

"이는 물과 피로 임하신 자니 곧 예수 그리스도시라 물로만 아니오 물과 피로 임하셨고 증거하는 이는 성령이시니 성령은 진리니라"(요일 5:6~7)

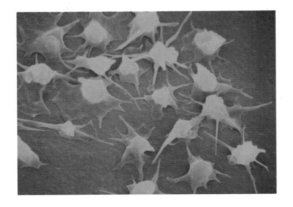

혈소판: 혈액에 떠다니다가 혈관에서 출혈이 발생하는 곳에서 붙어 응고하여 혈액이 새지 않도록 막아준다. 만일 혈소판이 부족하면 피부에 멍든 흔적처럼 자반증이 생긴다.

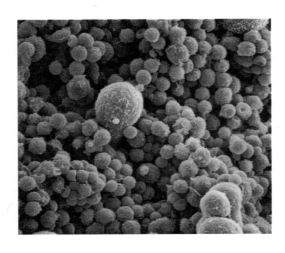

조혈기능이 왕성한 골수의 혈액 세포, 혈소판으로 발전할 거핵세포가 몇개 보임

약 10만㎞의 혈관이 심장을 중심으로 순환하는데 작은 혈관이라도 구멍이 나는 사고가 발생한다면 큰일이다. 그러나 그다지 걱정하지 않아도 되는 것은 우리 몸의 혈관은 혈관 구멍을 막고 수선할 수 있는 재료가 있어서 출혈을 막고 재생하는 것이 있다. 바로 '혈소판'이다.

4. 손상된 혈관을 전문으로 수리하는 혈소판

몸 속 가장 작은 세포 조각들로 구성
출혈 등 문제 생기면 가장 먼저 출동

    우리의 몸에 혈관을 한 줄로 길게 잇는다면 지구의 적도를 두 바퀴 반을 돌 정도의 긴 혈관이 있다. 그러므로 혈관은 우리 몸속 구석구석에 분포하고 있어서 영양분과 산소를 공급하고 이산화탄소와 노폐물을 제거한다. 마치 우리나라의 전 국토를 달리는 크고 작은 도로망과 같다. 대동맥이나 대정맥 같은 큰 혈관은 대형차가 다닐 수 있는 큰 도로로 비교되지만 가장 작은 혈관은 주택이나 농로의 길로 논이나 밭에 연결되는 작은 길로 모세혈관 수준으로 생각하면 되겠다. 혈관은 다른 비유로 큰 강으로부터 농사를 짓는 물을 대는 것과 같다. 큰 강물에서 농사를 위해 관개수로를 만들어 필요한 물을 대어 각종 채소나 곡물이 잘 자라도록 한다. 사람에게 혈관은 중요한 물류시스템인데 이 혈관이 항상 건강하거나 무사하지는 않다.

혈관은 여러 가지 원인으로 내부의 벽이 부분적으로 손상되거나 외상으로 파괴되어 출혈이 빈번하게 발생한다. 약 10만 km의 혈관 길이가 심장을 중심으로 순환하는데 작은 혈관이라도 새는 사고가 발생한다면 큰일이다. 그러나 그다지 걱정하지 않아도 되는 것은 혈관을 빠르게 수선할 수 있는 많은 재료가 있어서 출혈을 막고 재생하도록 돕는다. 바로 '혈소판'이다.

혈소판은 작은 세포 조각들로 이루어진 것으로 본래는 뼈 속에서 혈구세포 중에 가장 큰 세포인 거핵세포가 성숙되면서 약 400~8,000개로 작게 분절되어 혈액 순환계로 나와서 혈소판이 된다. 일반 현미경으로 보면 매우 작아서 겨우 보인다. 그러나 전자현미경으로 보면(사진) 크기와 모양이 다양하여 구형 혹은 별 모양으로 세포의 핵이 없는 것이 특징이다. 이들은 혈액을 타고 돌아다니며 혈관을 수리하는 역할을 하는데 필요하다. 만일 혈소판의 수가 크게 부족하면 자반증이 나타날 수 있다.

자반증은 육안으로 쉽게 볼 수 있어서 피부의 곳곳에 멍이 든 것처럼 혈액이 샌 모양을 하고 있다. 또한 쉽게 멍이 들고 멍이 들면 좀처럼 그 흔적이 없어지지 않은 경우이다. 출혈이나 혈관의 벽이 손상되는 곳은 어디나 봉합하는 기능으로 수많은 혈소판이 서로 모여 응고라는 과정을 통하여 마치 병의 마개와 같이 혈액이 새는 것을 급하게 막는다. 그 후 주변에 세포들이 이곳을 채워서 복구할 수 있도록 도와준다. 우리가 도로 보수공사 하는 것을 종종 볼 수 있는 것과 마찬가지로 혈소판이 손상된 혈관을 수리하는 것도 이와 비슷하다. 농부가 물이 필요할 때 논의 수로를 점검하고 둑이 터진 곳을 찾아 막는 것과도 같다. 그렇게 함으로 훼손된 도로가 포장되어 다시 자동차가 순탄하게 달릴 수 있고 논밭에 필요한 물이 손실 없이 공급되어 농사를 지을 수 원리와 비슷하다.

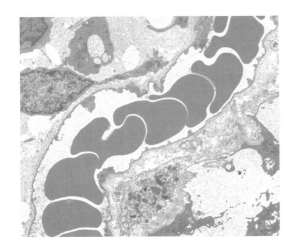

좁은 모세혈관을 따라서 이동하
는 적혈구 사진

심장을 중심으로 이어진 혈관의 길이를 한 줄로 연결해 놓는다면 얼마나 될까? 어린이와 어
른, 마른 사람과 비만한 사람 등 개인적인 차이가 있겠지만 보통 성인의 혈관 길이는 약 10
만 킬로미터이다. 이는 지구둘레를 2번 반을 돌 수 있는 거리이다.

5. 우리 몸의 커다란 물류시스템, 혈관

혈액공급이 나이를 말한다
양분과 산소, 우리 몸 곳곳에 전달

　심장을 중심으로 이어진 혈관의 길이를 한 줄로 연결해 놓는다면 얼마나 될까? 어린이와 어른, 마른 사람과 비만한 사람 등 개인적인 차이가 있겠지만 보통 성인의 혈관 길이는 약 10만 킬로미터이다. 이는 대략 지구둘레를 2번 반을 돌 수 있는 거리이다. 이와 같은 긴 혈관의 대부분은 수많은 가지를 내어 온 몸에 그물망을 이루고 있어 현미경으로 볼 수 있는 미세한 모세혈관의 길이를 설명해 준다. 필요하다면 모세혈관은 새롭게 생성되어 인체의 말단 부위에 세포까지 우리 몸의 구석구석에 작은 길을 내어 그 작은 관으로 혈액을 공급한다. 만일 체중을 줄이고 군살을 뺀다면 여분의 모세혈관도 구조조정 된다. 모든 혈관은 심장을 중심으로 우리 몸의 최대 물류시스템이다. 혈액의 분포는 순환하는 전체 혈액 양의 4분의 1 정도가 동맥혈관에 있고 나머지 4분의 3은 정맥혈관과 모세혈관에 존재한다.

혈관은 끊임없이 우리 몸에 필요한 영양분과 산소를 공급하고 콩팥이나 허파에 가서 노폐물을 버리는 통로이기도 하다. 그뿐만 아니라 우리 몸에서 만들어 내는 각종 호르몬과 항체, 효소 등도 혈관이란 물류시스템을 활용하여 적재적소에 전달된다. 머리가 아플 때 두통약을 먹으면 소화기관에 흡수되어 약 성분이 전달되어 통증을 완화시켜주는 치료 현상도 약물이 전달되는 혈관이 있기에 가능하다. 또한 병원에서 각종 주사를 맞는 것도, 검사하는 것도 알고 보면 혈관의 통로를 이용하는 것이다.

그러나 혈관에서 가장 큰 문제가 발생한다면 혈관이 새거나 막히는 현상이다. 혈관에서 혈액이 새는 현상을 출혈이라고 하는데 계속 출혈이 되면 어떤 일이 생길까? 출혈이 전체 혈액 양의 10분의 1 이하의 출혈이면 별문제가 없겠지만 그 이상의 혈액이 손실된다면 혈압과 체온이 낮아지고 심한 빈혈 증세가 나타나며 경우에 따라서 목숨이 위험하게 된다. 이때 새는 부위의 혈관을 막고 외부에서 새로운 혈액을 공급하는 일이 중요하다.

한편 고령층의 사망원인인 심장 및 뇌혈관 관련 질환이 높은 것과 관련하여, 혈관이 늙고 병들어 죽음에 이른다는 말은 틀리지 않는다. 나이가 들면 혈관도 노화되어 여러 가지 문제를 일으키게 된다. 혈관 내경이 점점 좁아져 결국은 막히게 되거나 탄력이 약화되며, 고혈압에 쉽게 터져 출혈이 발생한다. 특별히 생명과 직결되는 뇌혈관의 문제는 뇌졸중, 뇌출혈 등이 있다. 또한 심장의 관상동맥이 많이 좁아지면 협심증이 나타나고 나중에는 심근경색으로 발전한다.

혈관이 젊고 튼튼하다는 것은 그만큼 건강하다는 증거다. 혈관을 건강하게 유지하는 방법은 적절한 영양 상태를 유지하고 꾸준한 운동을 지속하는 것이다.

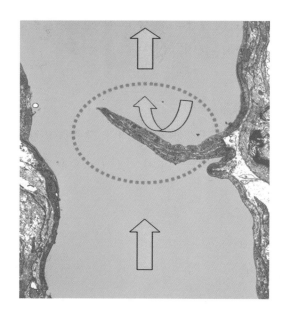

정맥혈관의 판막(녹색점선)의 전자현미경사진, 혈액의 흐름(노란색 화살표)

각각의 심방과 심실 사이에는 혈액의 거꾸로 흐르는 현상을 막고 한쪽으로만 흐르게 하는 밸브 같은 기능의 판막이 있다. 판막은 심방과 심실의 경계에 있는 것으로 마치 한쪽 방향으로만 열리고 닫히는 여닫이문과 같다.

6. 혈액의 흐름에서 역류를 막아주는 판막

심방과 심실 사이에 위치, 한 방향으로 열고 닫혀
정맥혈액이 심장으로 돌아가도록 역할 수행

순환하는 혈액 흐름에 막힘이 없는 것 같지만 심장에서 흐름의 잠깐씩 막힘이 있다. 심장은 아주 짧은 순간 한쪽의 혈액의 유입을 막고 혈액을 강하게 한 방향으로 분출을 하는 펌프기능이 있다. 이 막힘은 닫음이라고 할 수 있는 심장에 있는 4개의 판막이다.

심장은 4개의 구간으로 나누어져 있다. 왼쪽에 심방과 심실이 있고 오른쪽에도 심방과 심실로 나누어지는데 각각 모양이나 크기가 다르며 심실의 벽두께도 3배 차이가 난다. 심장은 어느 쪽으로 보아도 균형 잡힌 좌우대칭 구조가 아니다. 각각의 심방과 심실 사이에 혈액의 거꾸로 흐르는 현상을 막고 한쪽으로만 흐르게 하는 밸브 같은 기능의 판막이 있다. 이는 심방과 심실의 경계에 있는 것으로 마치 한쪽 방향으로만 열리고 닫히는 시중은행의 출입구처럼 여닫이문과 같다.

구조적으로 한쪽 판막이 닫히면 동시에 다른 방향의 판막은 열리므로 혈액의 흐름을 일정한 방향으로만 흐르게 한다. 심방과 심실의 모양이나 크기가 다르듯 여닫이문 역할을 하는 판막의 모양도 크기도 조금씩 다르다. 심장의 펌프 기능은 강력한 심장근육의 수축과 이완작용에 의해서 이루어진다. 그러나 심장이 혈액을 순환시키려는 펌프기능은 판막의 단순한 여닫이 기능이 없이는 아무리 강력한 심장근육의 수축과 이완운동이 있을지라도 무위로 끝나고 만다.

만일 판막이 닫히지 않고 반대 방향으로 열리거나 혹은 잘 닫히지 않아 틈이 벌어지거나 판막이 열릴 때 충분히 열리지 않는다면 우리 몸의 혈액 흐름에 비효율은 물론이거니와 순환장애를 초래한다. 정상적인 사람이라면 태어나서 평생 살면서 이들 판막의 문제없이 살아간다. 그러나 판막의 장애가 있는 일부 사람 중에 인공 기계식 심장판막을 사용하는 경우가 있다. 이들은 여러 가지 부작용을 감수하면서도 일정기간 사용하면 닳고 낡아서 수술을 통해 새 것으로 교체해야 한다. 일반적으로 우리 몸의 건강한 심장판막은 평생 교체 없이 사용할 수 있는 밸브로 안전성과 내구성에서 탁월하다.

한편 심장은 눈으로 관찰이 가능한 큰 판막 4개가 존재하지만 현미경으로 보이는 작은 혈관 내부에도 판막(사진)이 있는 것을 알 수 있다. 혈관

판막은 심장의 판막과 다른 단순한 판막으로 정맥과 임프관에 존재한다. 심장의 펌프 힘이 못 미치는 정맥이나 임프관은 혈압이 낮아 혈액이나 임프액의 흐름이 느려지고 경우에 따라서 역류될 가능성까지 있는 위험에 처하게 된다. 이때 그 역류를 막아주는 것이 판막이다. 이 판막은 심장으로 향하는 방향으로만 열리는 것으로 정맥 혈액이 다시 심장으로 돌아갈 수 있도록 하는 중요한 기능을 한다.

교회는 천국 본향을 향해 가는 성도들의 삶을 불신의 과거 일상으로 돌아가지 않도록 권면하며 중보 하는 공동체이어야 한다. 이러한 공동체는 하나님 보시기에 건강한 교회가 될 것이다.

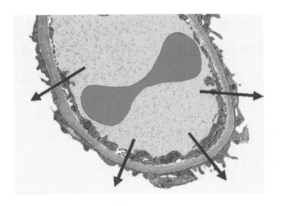

신장의 여과막 혈관을 촬영한 전자현미경 사진을 컴퓨터로 색상 처리한 사진. 적혈구와 혈액: 붉은 색, 화살표: 여과하는 방향, 배율 8000배

콩팥이 해야 할 일 중에는 세포들이 대사하고 나온 노폐물의 일종인 요소 등과 같이 몸에 독소 같은 불필요한 것과 과도한 성분을 혈액에서 제거함으로 혈액을 깨끗이 한다.

7. 맑은 혈액으로 여과장치
콩팥(신장)

콩팥 하나에 약 150만개의 여과장치 있어
필요 이상 몸에 들어온 것은 소변으로 내보내

혈액은 온 몸을 돌아 산소와 영양분을 각각의 세포에 공급하고 세포들이 배설하는 노폐물을 받아온다. 콩팥은 혈액에 녹아 있는 불필요한 성분을 선택적으로 배설한다. 만일 혈액의 노폐물을 제거하지 않으면 혈액 내에 독소가 쌓이고 결국 노폐물이 많이 포함된 혈액이 오히려 세포에 심각한 손상을 줄 수 있다. 요독증이라고 하는데 뇌의 손상 등으로 심하면 혼수에 빠지거나 사망에 이르게 할 수 있다. 콩팥이 해야 할 일 중 하나는 세포들이 대사하고 나온 노폐물의 일종인 요소를 포함한 몸에 독소 같은 불필요한 것과 과도한 영양성분을 제거하여 혈액을 깨끗이 하는 것이다.

또한 콩팥은 혈액 안에 필요 이상 과도하게 많은 성분을 적당한 균형을 위해서 소변으로 버려야 할 경우도 있다. 한 예로 혈액의 당이 필요 이상

높으면 당은 오히려 세포에게 해를 주므로 여분의 당을 버려야 한다. 그러나 당뇨환자의 경우 인슐린이 혈액의 당을 세포 안으로 밀어 넣어 영양공급을 한다. 만일 이러한 일을 못한다면 혈액 안에 당의 농도가 높은 고혈당 상태로 유지되므로 콩팥은 필요이상의 당을 소변으로 배설함으로 영양분의 손실이 일어난다. 우리가 소화기관을 통하여 흡수한 당이 세포 안으로 공급이 되지 않고 콩팥을 통하여 소변으로 지속적으로 유실된다면 세포 입장에서는 기아상태에 이르게 된다. 또한 콩팥은 필요 이상 몸에 들어온 수용성 비타민 종류도 버린다. 대표적인 것이 비타민 C이다. 하루에 필요한 만큼 외에는 소변으로 배설된다. 그 뿐만 아니라 과도한 양인 각종 무기염류나 대사과정에서 생기는 부산물도 소변으로 배설한다.

콩팥에는 현미경으로 볼 수 있는 작은 단위의 여과장치가 있는데 사구체(토리)이다. 한 개의 콩팥에 약 150만 개가 있다. 모세혈관이 구불구불 이어져 둥글게 감긴 혈관 덩어리가 마치 실타래 같은 구조로 이루어졌다. 사진은 여과하는 모세혈관을 전자현미경으로 관찰한 것이다. 혈액 중에 불필요한 것은 걸러내고 필요한 것은 새지 않도록 관리한다. 선택적으로 배설하는 막은 얇지만 매우 고운 여과지 같은 역할을 한다. 그러므로 고분자 물질인 단백질은 정상적인 상태에서는 새어나가지 못한다. 혈액을 여과하며 배설되는 모든 성분은 이곳을 통과한다. 이를 통과한 것으로 소변으로 몸 밖으로 빠져 나간다.

콩팥의 주요기능으로 몸에 필요한 것과 필요하지 않은 것은 알아서 여과하는 기능은 우리 몸의 산과 염기의 균형을 이루며 수분과 전해질의 균형을 맞추어 체액과 혈압을 조절한다. 이는 몸이 붓거나 탈수하는 것을 방지해서 몸의 균형을 이루게 한다. 몸의 생리적 균형을 이루는 중요한 기능을 하는 것이 콩팥의 기능이다.

성도의 삶도 세상과는 거룩함으로 구분되고 균형 있는 삶을 영위함은 자신에게 생기는 마음의 각종 노폐물을 항상 제거함으로 이루어지는 것이다.

콩팥의 세뇨관(살구색)에 오줌 (미색)이 지나는 전자현미경 사 진

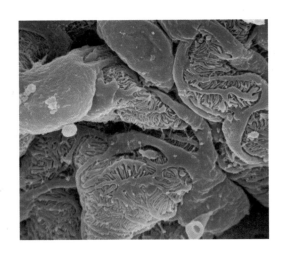

콩팥의 사구체 족돌기 세포

콩팥의 주요 기능은 노폐물을 제거하는 기능이지만 1차로 여과되어 배설되는 오줌에서 현재 몸이 필요한 만큼의 물과 당과 미네랄을 재흡수 하는 일이다. 재흡수 되는 곳은 사구체에서 배 설된 1차 오줌이 모아져서 지나가는 가늘고 구불구불하여 긴 세뇨관(사진)이란 통로이다.

8. 일단 버린 것을 다시 챙기는 세뇨관

몸의 노폐물 버리고 필요 성분 찾아 항상성 유지

사구체가 여과한 물 걸러내 재활용 도와

우리의 몸을 맑고 깨끗하게 유지하기 위해서는 세포들의 대사산물로 만들어지는 각종 불필요한 노폐물을 선별하여 외부로 버려야 한다. 노폐물은 혈액에 녹아 있어서 혈액순환이라는 혈관 물류시스템을 통하여 운반하는데 아무 곳에서 버리는 것이 아니라 정해진 곳이 있다. 콩팥(신장)의 사구체에 가서 일단은 1차 오줌(원뇨) 상태로 여과한다. 사구체는 콩팥의 겉 부위를 현미경으로 관찰하면 실 같은 수많은 모세혈관이 서로 둥글게 얽혀 있는 형태이다.

특수한 이 모세혈관은 다량의 1차 오줌을 배설한다. 만일 이때 배설하는 오줌의 양을 그대로 최종의 오줌으로 배설한다면 우리의 몸은 심한 탈수 현상으로 살아남을 수 없다. 하루 동안 사구체에서 혈액을 걸러내는 1

차 오줌은 약 170 리터나 된다. 만일 이러한 양을 오줌으로 배설한다면 우리는 이에 상응하는 양의 물을 병에 빨대를 꽂고 쉬지 않고 계속해서 마시며 보충해야 한다. 또한 1차 오줌 안에는 우리의 혈액내의 당과 각종 미네랄이 포함되어 있다. 이러한 성분이 그냥 오줌으로 빠져 나간다면 몸의 전해질에 심각한 불균형이 발생하여 몸은 생명의 위협을 받는다. 1차 오줌에는 불필요하고 해로운 노폐물도 있지만 또한 다량의 물과 몸에 필요한 일부 영양성분도 포함되어 있어서 이를 선택적으로 재흡수 함으로 과다한 양의 수분의 체외 손실을 막고 적절하게 전해질의 균형을 이룬다.

콩팥의 주요 기능은 노폐물을 제거하는 기능이지만 또한 1차로 여과되어 배설되는 오줌에서 현재의 몸이 필요한 만큼의 물과 당과 미네랄을 재흡수하는 일이다. 재흡수되는 곳은 사구체에서 배설된 1차 오줌이 모아져서 지나가는 가늘고 구불구불하여 긴 세뇨관(사진)이란 통로이다. 여기서 1차로 배설되는 오줌에서 99%의 물이 흡수되므로 몸의 탈수 현상과 전해질의 이상을 막는다. 만일 우리가 물을 필요 이상 많이 마시면 이로 인해서 몸은 많은 수분을 감당할 수 없어서 붓고 말 것이다. 이때 세뇨관은 곧 물의 재흡수를 조절하여 오줌의 양을 늘린다. 그러나 체내의 물이 부족하면 재흡수를 통하여 오줌의 양을 줄인다.

당연히 물을 많이 마시면 오줌의 양과 횟수가 늘고 마시는 물의 양이 적거나 땀을 많이 흘리면 오줌의 양과 횟수가 상대적으로 적어지는 현상은 세뇨관이 알아서 그 양을 조절하기 때문이다. 세뇨관은 일단 사구체가 여과한 물을 포함한 각종 성분을 재흡수 함으로 이들을 재활용할 수 있도록 돕는다. 몸에서 생긴 노폐물을 버림과 필요한 성분을 찾아 다시 받아들임으로 몸의 항상성을 유지하는 능력은 경이롭다. 1차 오줌이 지나가는 통로에서 선별할 줄 알고 필요에 따라서 선택할 줄 아는 지혜는 세뇨관을 이루고 있는 세포들의 성실함과 그 능력이다. 1차 오줌이 지나가는 통로인 세뇨관은 더럽고(Dirty), 노폐물 같은 성분이 있어 위험하고(Dangerous), 필요한 것을 재흡수하는 것은 에너지가 많이 필요로 하는 어려운(Difficult) 일이지만 이 일을 함으로 오늘도 우리의 몸은 맑고 깨끗함을 유지한다.

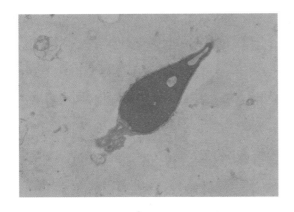

난자의 막을 통과하고 있는 유선형의 정자머리 투과전자현미경 사진

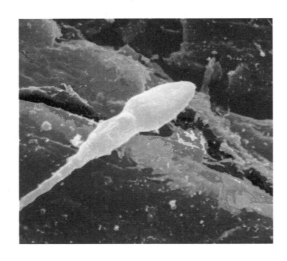

주사전자현미경으로 촬영한 난자를 향해 전진하고 있는 정자

한 번 사정되는 정액에는 2억이나 되는 정자가 있다. 그 가운데 1등만이 자신의 유전자를 전달한다. 즉, 운동성에서 경쟁력이 있어야 하는데 난자를 목표로 가장 빨리 그리고 정확하게 접근한 후 뾰족한 유선형의 머리로 난자의 막을 녹이고 관통할 수 있는 힘이 있어야 한다.

9. 남성의 유전정보를 전달하는 정자

나의 유전자를 통해 닮은 후손

창조주 하나님께서 아담과 하와가 둘이 연합하여 온전한 부부가 되게 하시고 이들 부부로부터 지금까지 후손을 낳게 하셨다(창 4:1). 앞으로 계속 다음 세대에서 태어나는 아담의 후손은 이중나선구조로 이루어진 유전자 정보를 통해서 동일한 인류가 되게 하셨다.

하나님께서는 유전자로 아프리카의 가장 키가 작고 검은 피부를 가진 피그미족이나 키가 크고 얼굴이 흰 백인이나 갈색인종, 홍인종, 황인종 등 다양한 피부와 체형의 인류가 있도록 하셨으며 남성의 정자와 여성의 난자인 생식세포가 수정이라는 만남을 통해 새로운 생명이 태어나도록 설계하셨다.

남자의 정자는 유선형의 머리에 유전정보가 있어서 다음 세대로 전달할 수 있는 정보가 치밀하게 들어있다. 정자가 난자를 만났을 때부터 새로운 생명이 시작된다. 성이 각각 다른 반쪽 성염색체가 만나서 46개의 염색체가 된다. 그러므로 사람은 태어날 때 남성과 여성인 반쪽으로 태어나 다른 반쪽을 찾아 온전한 하나가 된다. 이처럼 반쪽 염색체를 갖고 있는 정자와 난자가 만나서 하나의 온전한 세포가 되는 것을 우리는 수정체라고 한다.

그러나 생명체의 시작은 천문학적 숫자의 확률이다. 한 번 사정되는 정액에는 약 2억 개 전후의 정자가 있다. 그 가운데 1등만이 자신의 유전자를 전달한다. 운동성에서도 경쟁력이 있어야 하는데 난자를 목표로 가장 빨리 그리고 정확하게 접근한 후 뾰족한 유선형의 머리로 난자의 막을 녹이고 관통할 수 있는 힘이 있어야 한다. 통과하는 과정에서 정자는 꼬리 부분은 못 들어가고 남성의 유전정보를 갖고 있는 정자의 머리만 난자 안으로 들어간다. 1등으로 들어온 하나의 정자를 받아들인 난자는 2등, 3등의 다른 정자들이 들어오지 못하도록 순간 차단한다. 공동 1등도 없다. 만일 많은 정자가 난자로 들어오도록 허용하면 수정에 실패한다. 하나의 정자가 하나의 난자를 만남으로 각각 성염색체 23개가 결합하여 46개로 분할을 시작한다.

배아에서 태아가 되고 출산을 통해 신생아가 되고 영아기를 거쳐 아동기를 지나 성숙한 청·장년으로 성장한다. 이 모든 성장에는 정자와 난자의 온전한 만남으로부터 시작된다. 지나온 세월은 인류가 정자와 난자라는 성염색체의 유전정보를 통해서 다음 세대로 전달되는 일을 연속적으로 반복했다.

사람은 세상에서 건강하게 오래 살고 싶어 한다. 그러나 생명을 갖고 태어난 지구상의 모든 생물체는 생명현상을 영위하다가 시간의 차이는 있지만 언젠가는 생명을 잃고 자연의 한 부분으로 돌아가는 것처럼 사람도 예외는 아니다. 태어나 수명을 다한 자신은 없어져도 자기의 유전자를 후손에게 계속 전달함으로 끊임없이 이 세상에 살아남는다. 인류의 유전자는 예수님께서 이 땅에 오실 그 날까지 이러한 경이로운 여행을 지속할 것이다.

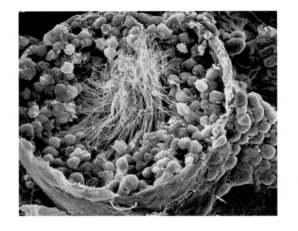

남성의 정소에서 만들어지고 있는 정자로서 파란색의 수많은 실 같은 것은 성숙한 정자의 꼬리이며 보라색은 아직은 미성숙한 둥근 모양의 정모세포들을 전자현미경으로 촬영한 후 컴퓨터로 색상 처리한 것이다. 확대배율 3000배.

사람은 태어날 때 반쪽으로 태어난다는 말이 있다. 이 이야기는 아마도 미완성의 반쪽 생식세포인 남성은 정자, 여성은 난자를 만들기 때문인 것 같다. 그러므로 이들이 합하여 수정될 때 하나의 새롭게 태어나는 완전한 생명체가 탄생하게 되는 것이다. 그러나 이러한 생명체도 훗날 성장한 후에는 또 다른 반쪽이 되는 것이다.

10. 일등만 존재하는 냉혹한 승부사, 정자

사춘기 지나야 비로소 제 기능
수정 통해 완전한 개체로 바뀌어

한 남성이 평생에 만들어 내는 정자의 수는 과히 천문학적 수치이다. 건강하고 젊은 남성이 하루에 만들어 내는 정자의 수는 약 1억 개에 이른다. 사춘기부터 평생 정자를 만들어 내는 수는 계산이 쉽지 않다.

그러나 일반적으로 한 여성이 폐경기까지 만들어 내는 난자가 약 400여 개로 보면 생명체를 만드는 수정에서 남성은 개수(個數)로써 승부를 걸고 여성은 품질(品質)로써 승부를 건다.

성인을 이루고 있는 약 60조~100조 개의 세포 중에서 생식에 관여하는 정자와 난자는 전문화된 세포이다. 이들 세포는 사춘기를 지나야 비로소 제 기능을 하는 세포로 이때 성숙된다. 세포분열은 대부분 유사분열이라는 과정을 거쳐 증식하는데 비하여 이들은 감수분열을 통해 염색체 수를 반으로 줄이는 분열을 한다.

즉, 사람의 염색체는 46개로 모든 체세포(몸을 이루는 세포)는 같은 수의 염색체를 갖고 있는 것이 일반적이며 정상이다. 그러나 정자와 난자는 특이하게도 각각 염색체를 절반으로 23개의 염색체만을 갖고 있다. 성숙한 생식세포가 23개의 염색체를 갖는 것은 수정을 통하여 46개의 염색체를 가진 완전한 생명체로 전환하기 위한 것이다.

사람은 태어날 때 반쪽으로 태어난다는 말이 있다. 이 이야기는 아마도 미완성의 반쪽 생식세포인 남성은 정자, 여성은 난자를 만들기 때문인 것 같다. 그러므로 이들이 합하여 수정될 때 하나의 새롭게 태어나는 완전한 생명체가 탄생하게 되는 것이다. 그러나 이러한 생명체도 훗날 성장한 후에는 또 다른 반쪽이 된다. 사람은 어떻게 보면 세상에 태어나 성장하면서 나머지 반쪽을 그리워하기도 하며 찾는 것이 당연하다. 반쪽을 찾아서 23+23=46의 염색체를 이루는 삶이 자연의 조화요 이치라고 생각된다.

과거 일부 과학자 중에는 난자에 정자가 아닌 체세포의 핵을 넣는 기술을 소개하고 이를 통한 생명을 만들어 내므로 세상을 놀라게 하였다. 남성의 정자가 없이 만들어지는 생명 탄생의 현상은 현대에 들어서 남성의 입지를 더욱 약하게 하는 것 같았다. 그러나 이렇게 만들어진 생명체는 본래의 수명을 다하지 못하고 일찍 늙는 현상이 발견되었다. 과학과 문명이 빠르게 발달함에 따라서 기존의 가치관과 생명을 대하는 태도가 바뀌고 있지만 창조의 질서를 도외시하는 일은 피했으면 좋겠다.

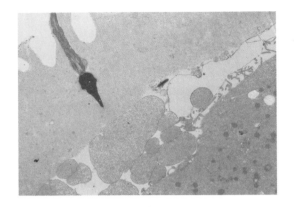

정자가 난자의 투명대(청색)를 뚫고 난자로 들어가기 직전의 투과전자현미경 사진

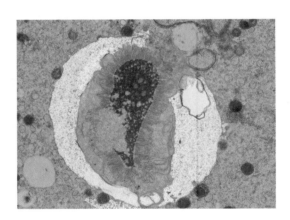

난자(노란색) 안으로 들어가 정자(청색)가 자신의 유전정보인 염색사를 풀어내면서 수정하는 투과전자현미경사진

정상적인 여성이라면 평생 만들어 내는 난자는 개인적인 차이는 있지만 폐경기까지 약 400개의 난자를 만들어 낸다. 난자의 직경은 0.2밀리미터로 겨우 보일 정도의 작은 세포이지만 현미경 없이도 볼 수 있는 인체에서는 가장 큰 세포 중 하나다.

11. 새로운 생명이 시작되는 곳, 난자

정자와 만날 때 생명의 신비 시작돼

폐경기까지 400개 가량 만들어

여성의 생식세포인 난자는 남성의 정자와 함께 새로운 생명을 만들 수 있는 세포이다. 그러므로 난자는 여성의 몸에서만 만들어지는 가장 고귀한 세포 중 하나다. 정상적인 여성이라면 평생 만들어내는 난자는 개인적인 차이는 있지만 폐경기까지 약 400개의 난자를 만들어낸다. 난자의 직경은 0.2밀리미터로 눈으로 겨우 보일 정도의 작은 세포이지만 현미경 없이도 볼 수 있는 인체에서는 가장 큰 세포이다.

스스로 움직일 수 없는 소극적인 난자이지만 열정이 있으며 적극적으로 추진력이 있는 정자와 만나 수정이 된다. 난관에서 수정 후에는 자궁으로 이동하며 착상하는 일에 성공한 후에는 정확하게 프로그램된 세포분열을 통해 일정기간 배아 시기와 태아 기간을 거쳐 출산함으로 새생명의 탄생에 이르는 인체에서 가장 빠르게 큰 변화를 경험하는 세포이다.

난자는 인체 발생학 측면에서 매우 중요한 세포이다. 평소에는 여성 생리와 함께 버려지는 세포이지만 정상적으로 정자를 만나면 그야말로 놀라운 변화가 일어난다. 사진에서 보는 정자(청색)는 난자(갈색)에 들어 간 후 모습이다. 정자는 잠시 후 그 모습이 보이지 않고 시간이 경과 후에는 난자만이 난할을 통하여 세포분열을 시작함으로써 생명의 시작은 단순히 난자만이 주도해 나가는 모습처럼 보인다. 그러므로 난자는 작은 정자 세포의 크기에 비하면 약 9만 배나 되는 거대한 세포로 다양한 세포를 만드는 일로 시작하여 새로운 생명체를 만드는 일에 있어서 없어서는 안 될 중요한 세포이다.

요즘처럼 출산율이 낮은 상황에서 한 쌍의 임신 가능한 부부가 하나의 어린 생명을 출산할 확률을 생각해 보자. 평생 여성이 만든 난자의 약 400개 중 하나가 선택된다. 남성이 평생 만들어내는 약 1조 개의 정자 중에서 하나의 정자가 최후의 승리자가 됨으로 결과적으로 400조(4×10^{15}) 중에 하나가 한 생명으로 탄생한다는 계산이 된다.

하나의 새로운 생명이 출산하기 위해서는 천문학적 숫자의 같은 세포들의 경쟁과 우연이 아닌 필연의 선택으로 수정과 배아와 출산을 통해 한 생명이 탄생한다. 그러므로 한 생명, 한 생명 모두가 소중하다. 어떤 장애를 갖고 태어나도, 부족하게 태어나도, 무능하게 태어나도 그 생명은 사랑받기에 그리고 축복받기에 부족함이 없는 생명이다. 성경에서는 한 생명이 천하보다 귀하다고 말씀하는데 이를 두고 하신 듯하다.

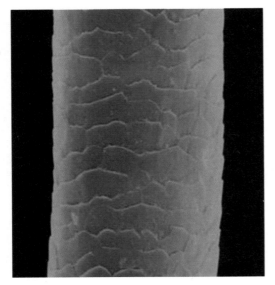

사람 머리카락의 주사전자현미경사진. 확대배율 500배.

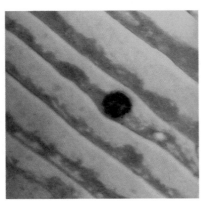

머리카락의 단면을 잘라보면 여러 겹의 층이 관찰된다. 가운데 검은 점은 멜라닌색소로 머리카락의 색깔에 큰 영향을 준다.

그러나 신기한 것은 모든 영장류 중에서 사람만큼 긴 머리카락과 수염을 가진 동물은 없다는 것이다. 만일 머리카락을 자르지 않고 계속 기른다면 6년 동안 약 1미터이상 자라고 수염은 약 60센티미터 정도 자란다.

12. 다른 영장류와 구분되는 머리카락

머리카락 가장 큰 임무 '머리 보호'
자르지 않으면 6년간 1미터 이상 자라

하나님께서 사람을 창조하실 때 동물과 구별되게 만드신 것이 있는데 그중에 하나가 피부를 덮고 있는 털로 다른 영장류와는 분명하게 구분된다.

사람의 털은 다른 동물과 비교하면 특별한 보호색을 띠거나 자신을 은 폐하기 위한 다양한 무늬나 색깔도 없다. 에덴동산에서 하나님께서 창조 하신 처음의 사람이나 현대의 사람이나 신체의 털은 그다지 다를 바가 없 다고 생각된다. 또한 다른 동물과 비교해 사람의 털은 참으로 한심하다. 사람의 체표를 덮고 있는 털은 숫이 별로 없이 듬성듬성 나 있으며 가늘고 짧은 털은 더위는 모르지만 혹독한 겨울의 추위를 견디기 어렵다. 뿐만 아 니라 보호색을 띠는 얼룩무늬나 멋있는 무늬를 갖고 있지도 못하다. 그리고 그나마 있는 털은 계절이 변해도 동물들처럼 새로운 털갈이도 하지도 않는다. 그러므로 사람은 자연계에서 경쟁력이 없는 털을 가지고 있는 꼴이다. 이렇듯 사람은 털이 없는 만큼 자신의 신체 보호도 잘 하지 못한다.

영국의 동물학자 모리스가 지은 "털 없는 원숭이"라는 책의 제목에서 보듯이 그의 연구에 의하면 사람을 영장류와 비슷하다고 쓰고 있으나 지구 상의 알려진 모든 영장류 193종 중에 192종의 원숭이는 피부의 털이 비슷한데 비하여 유난히 사람만은 특이하게 털이 별로 없으며 가늘고 짧다고 기술하였다. 개인의 차이는 있지만 사람의 피부인 체표를 덮고 있는 털은 약 500만 개로 알려졌다. 그렇지만 사람의 털은 동물들에 비하면 거의 없는 것이나 마찬가지다.

그러나 신기한 것은 모든 영장류 중에서 사람만큼 긴 머리카락과 수염을 가진 동물은 없다는 것이다. 만일 머리카락을 자르지 않고 계속 기른다면 6년 동안 약 1미터 이상 자라고 수염은 약 60센티미터 정도 자란다. 하나님은 사람을 동물과 구별되게 다른 신체 부위에 길고 굵은 털을 심어 주셨다. 예를 든다면 머리카락, 콧수염(남성), 턱수염(남성), 양쪽 겨드랑이, 사타구니 등이 그렇다. 일반적으로 털이 많은 동물들은 이런 부위에 털이 적다. 참 신기한 현상이기도 하다.

그중에 머리카락은 사람과 동물을 특이하게 구별한다. 만일 사람이 동물처럼 네 다리로 걸어 다녔다면 이렇게 긴 머리를 어찌할 것인가? 사람은 긴 머리카락이 땅에 닿아 끌리지 않도록 하기 위해서라도 두 다리로 일어서고 또한 걸어야 했고 그러므로 머리를 높이 들어 하늘을 우러러 볼 수 있지 않았을까? 또한 사람에게 머리카락은 어떤 의미일까? 이것은 귀중한 사람의 두뇌를 외부의 물리적 충격을 흡수하고 혹독한 추위로부터 보호하고 뜨거운 햇볕으로부터 보호하는 뜻에서도 매우 중요하다. 분명히 머리카락의 역할은 다른 동물과는 구분되는 것으로 사람을 사람답게 하는 가장 중요한 두뇌를 보호하기 위함이고 창조주 하나님의 구별된 피조물임을 상징하는 것이다.

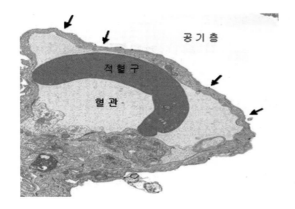

공기 층

적혈구

혈관

허파꽈리 부위를 투과전자현미경으로 3500배 촬영한 사진. 화살표시는 혈관(기저막).

흡연자는 자주 호흡기관의 중요한 공기주머니인 허파꽈리에 담배연기를 담고 산다. 호흡기계가 굴뚝은 아닌 것이다.

13. 인체의 공기청정 여과장치 허파꽈리

숨 막히는 폐
공기 여과장치 폐

    사람은 음식물을 섭취하지 않고 물만 마시며 몇 주는 생존할 수 있다. 잠자지 않아도 3~4일 정도는 견딜 수 있다. 그러나 호흡을 멈추고 4분 이상 경과하면 심한 뇌손상과 함께 인체는 돌이킬 수 없는 상황이 발생한다. 생명현상을 유지하는데 호흡은 매우 중요하여 잠시 멈추거나 소홀히 할 수 없으며 심장 박동과 같이 끊임없이 호흡해야 산다.

    이러한 일의 중심에 폐가 있다. 다른 내장 기관과는 다르게 폐는 심장과 함께 공조시스템으로 생명과 직결된 중요 장기로 새장 같은 갈비뼈로 둘러싸인 흉곽 안에 잘 보호되고 있다. 심장의 혈액 순환체계의 주요한 일은 산소를 온몸 구석구석 운반하는 일이다. 호흡기로 들어온 산소를 담은 공기는 작은 나뭇가지 모양의 기도와 기관지를 거쳐 허파꽈리에 도달한다.

이곳은 현미경으로 보면 마치 작은 포도송이처럼 생긴 작은 수많은 공기주머니이다. 여기서 온몸을 돌아다니며 받아온 이산화탄소를 밖에 내놓고 외부에서 들어온 신선한 공기 중에서 산소만 골라서 적혈구와 결합한다.

적혈구는 산소를 싣고 온 몸을 다니며 산소가 필요한 곳에 배달하는 미니 택배 트럭에 해당된다. 그리고 세포의 대사과정에서 생기는 이산화탄소를 싣고 폐로 가져가서 날숨을 통하여 몸 밖으로 배출한다. 이러한 일을 하는 최일선의 접점이 허파꽈리인데 작고 특수하게 생긴 혈관(사진)의 얇은 막(화살표)은 공기층과 혈액과 경계막이다.

이 얇은 3층 막의 밖은 외부에서 들어온 신선한 공기가 접촉하는 부분으로 마르지 않도록 습윤한 점액질이 있으며 선택적으로 산소를 받아들이고 이산화탄소를 배출한다. 만일 이 막이 없이 직접 혈액이 외부의 공기에 닿는다면 혈액은 곧 응고되어 굳어버린다.

우리가 살아가는 노동은 일용한 양식을 얻기 위한 것이다. 그러나 마시는 공기는 무료이다. 얼마나 고마운 일이며 감사해야 할 일인가! 그러나 특별한 상황이 있는 경우, 자신의 호흡능력이 충분하지 못할 때는 산소공급 장치를 이용하여 도움을 받기도 한다. 그러나 흡연자는 자주 호흡기관의 중요한 공기주머니인 허파꽈리에 담배연기를 담고 산다. 호흡기계가 굴뚝은 아니다. 하나님께서 주신 귀중한 폐를 마음대로 용도 변경이나 다른 목적으로 활용하지 말아야 한다. 청정한 공기는 상쾌하며 영혼육을 맑게 한다.

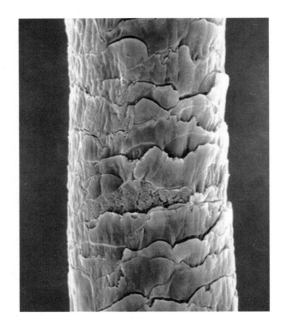

모근의 유전적 이상으로 머리
카락 표면이 부서지고 깨어진
전자현미경 사진

그런데 사람의 흰 머리카락은 다른 동물에서는 볼 수 없는 특이한 현상이다.

14. 연륜과 존경의 대상이 되는 흰머리

동물과 달리 외모로 연륜 느낄 수 있어
어르신을 공경하라는 하나님의 뜻

피부를 덮고 있는 것은 생명체에 따라 달라서 일부 어류나 파충류는 얇은 비늘이 덮여 있으며 조류는 가벼운 깃털로 덮여 있다. 그리고 포유류는 수많은 털로 덮여 있다. 그런데 어류나 파충류는 비늘이 점점 커지거나 허물을 벗는 탈피 과정을 통해 성장하며 자연사할 때까지 비늘의 수가 감소하거나 부위별로 없어지지 않고 처음 그대로 있다. 그러나 조류와 포유류는 깃털이나 털이 감소하므로 탈모 현상을 목격하게 된다.

사람의 털은 일반적으로 피부의 진피에 뿌리를 두고 있는데 이곳을 모근이라고 하며 젊었을 때는 왕성한 세포분열과 빠른 각질화를 통해 피부 밖으로 털을 밀어낸다. 그러므로 건강한 모발에는 근원적으로 건강한 모근이 있다. 즉, 병든 모근이 있다면 곧 모발이 부실하게 된다(사진). 사람의 모근은 부위에 따라서 그 고유의 수명이 각각 있어서 일정한 범주의 길이 이상은 자라지 않는 것이 특징이다.

탈모는 유전적인 원인과 성 호르몬에 관련하여 여성보다는 남성에게서 흔히 관찰되는 현상이다. 우리는 어떠한 이유이든 탈모로 인한 외모의 변화를 원하지 않는다. 만일 젊은 시절부터 탈모가 진행된다면 개인적으로 받아들이기 어렵다. 오죽했으면 구약의 엘리사 선지자도 자신의 탈모된 머리를 놀리는 아이들에게 저주를 했을까?(왕하 2:23-24) 탈모로 인한 몸의 통증은 없으나 대인관계에서 남다른 부담감과 심리적인 불편함은 겪어보지 않은 사람은 모를 일이다. 밖으로 노출되지 않은 과거의 상처 및 흔적이나 장애보다는 눈에 보이는 외모에 더욱 신경이 쓰이는 것이 사실이다.

젊은 시절 숯 검댕이 같고 머리빗으로 빗어도 원하는 방향으로 넘어가지 않는 굵고 뻣뻣한 머리카락, 그 윤기 나던 머리카락이 나이가 들면서 힘없이 가늘어지며 머리 속살을 그대로 보이고 만다. 또한 점차 많아지는 흰 머리카락은 기존의 검은 머리카락과 큰 대조를 이루다가 결국에는 흑백이 역전되어 나중에는 검은 머리카락은 찾을 수 없게 된다. 그런데 사람의 흰 머리카락은 다른 동물에서는 볼 수 없는 특이한 현상이다. 예를 들면 온 몸이 검은색 털로 덮인 염소나 돼지를 늙도록 두고 보아도, 검은색 까마귀를 오랜 세월 지켜보아도 털이나 깃털이 흰색으로 바뀌지 않는다. 그리고 다른 동물에서 관찰되지 않는 머리카락의 탈모는 사람에서만 나타나는 모습이라고 생각된다. 오래 산 다른 동물조차도 노화로 인한 머리카락의 탈모나 흰색으로 변하는 것을 좀처럼 볼 수 없다. 이와 같은 현상은 인류에서만 나타나는 것 같다. 첫눈에도 알 수 있는 연륜으로 공경의 대상이다. "너는 센 머리 앞에서 일어서고 노인의 얼굴을 공경하며 네 하나님을 경외하라 나는 야훼이니라"(레 19:32)

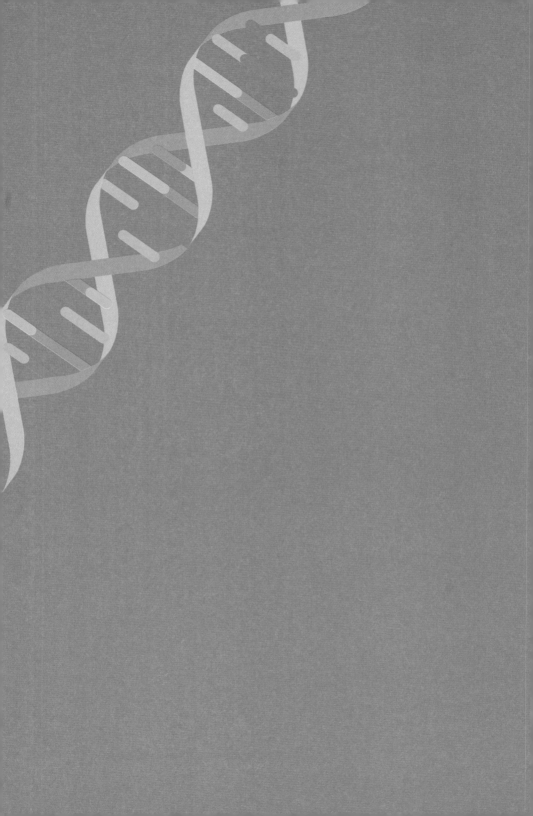

2부

두 번째 세포 이야기
알고 싶고 궁금한 세포들

콧속의 섬모세포를 전자현미경
으로 약 10,000배 확대한 사진

섬모는 코 비강에서부터 작은 기관지까지 있으며 각종 이물질을 배출한다. 물론 큰 이물질은
콧속 털에 의해 일부 걸러지지만 이곳을 통과한 미세먼지가 대량으로 폐에까지 도달하지 못
하도록 섬모는 끈끈한 콧물에 붙여 배출하는 일을 한다.

15. 호흡기의 청소 빗자루, 섬모

호흡기 속의 각종 먼지와 세균을 점액과 함께 배출시켜
우리 몸의 기도와 폐를 항상 깨끗한 상태로 유지
수정란을 자궁으로 이동하여 착상을 돕는 기능을 함

섬모는 미세한 털이란 뜻으로 전자현미경으로 관찰하면 선명하게 볼 수 있다. 섬모세포(사진)는 그 모양이 그림 그릴 때 사용하는 붓과 같이 생겼으며 길이가 1,000분의 6밀리미터 정도의 매우 작은 크기이다. 붓은 그림을 그릴 때 사용하지만 때로는 손이 닿지 않는 미세한 틈이나 표면에 먼지를 털어 낼 때도 사용한다. 우리의 인체에도 먼지를 털어내는 붓과 같이, 혹은 빗 같이 호흡기도 안으로 들어온 각종 먼지와 세균을 제거하는 일을 하는 섬모가 있다.

섬모는 코 비강에서부터 작은 기관지까지 있으며 각종 이물질을 배출한다. 물론 큰 이물질은 콧속 털에 의해 일부 걸러지지만 이곳을 통과한 미세먼지가 대량으로 폐에까지 도달하지 못하도록 섬모는 끈끈한 콧물에 붙여 배출하는 일을 한다. 호흡기도에 들어온 먼지는 콧물인 점액에 닿으면 섬모가 물결치듯이 운동을 함으로써 몸 밖으로 이동시킨다.

만일 우리가 먼지가 많은 환경에서 일하면 코딱지가 시커멓게 되는 것을 알 수 있다. 코딱지는 콧물이 먼지와 함께 굳어서 만들어진 것이다. 그러므로 코딱지의 색깔이나 성분을 참고하면 우리가 숨 쉬는 환경의 공기 상태가 어떤지 알 수 있다. 한편 우리는 코딱지가 더럽고 귀찮은 존재로 생각하지만 이는 호흡기계를 먼지와 세균 등 미생물로부터 보호하고 호흡기계를 깨끗이 청소한 결과다. 살아 있는 사람은 누구나 코딱지가 생긴다. 인체 호흡기계의 청결과 질병으로부터 보호하는 방어 시스템이 작동하기 때문이다.

먼지가 많은 창고나 오랜 기간 먼지가 쌓인 서재에서 마스크를 쓰지 않고 청소하다 보면 재채기를 하고 콧물을 줄줄 흘린 경험이 있을 것이다. 이것은 호흡기 내부로 들어온 먼지를 깨끗이 씻어내기 위해 급하게 작동하는 몸의 방어이다. 그러나 평소에 조용한 호흡을 할 때도 공기 중에 미세한 먼지는 점액에 묻혀서 물결치듯이 씻어서 밖으로 이동시킨다. 여기에는 무수한 섬세한 모양의 작은 털이 쉬지 않고 움직인다. 그러므로 우리 몸의 기도와 폐는 항상 깨끗한 상태를 유지할 수 있다.

또한 섬모가 많이 있는 곳은 여성의 생식기로 난소와 자궁을 잇는 난관의 내부이다. 수정을 위해서 난소에서 난자를 배출하면 나팔관에서 난자를 받아 자궁의 내막까지 이르게 하는 일은 난관의 섬모가 그 역할을 한다. 수정을 위해서 정자는 혼자의 힘으로 난자가 있는 방향으로 나아가지만 난자는 운동성이 없으므로 혼자서 난소에서 자궁에 이르는 거리를 이동할 수 없다. 따라서 자신을 원하는 장소로 이동하는 일은 도움이 필요하다. 난자를 이동시키는 것은 난관 안쪽의 벽에 빈틈없이 나있는 수많은 섬모들이 일정한 방향으로 움직임으로 난자를 난소에서 자궁 내의 착상까지 잘 이동하도록 도와준다. 만일 난관에서 수정된 난자가 그대로 좁은 난관에 머문다면 자궁 외 임신으로 수정란과 임신부가 위험에 처하게 된다. 그러므로 섬모는 자궁 내의 착상을 도와 임신을 돕는다. 이렇듯 미세한 섬모는 우리가 그 중요성을 인식 못해도 맡은 바 그 역할을 다하고 있다.

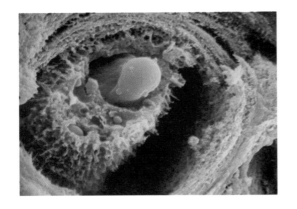

뼈는 연골조직과 경골조직이 있다. 골격근에 붙은 뼈는 경골이고 귀바퀴는 연골뼈로 이루어졌다. 사진은 하나의 연골세포를 입체적으로 확대한 사진

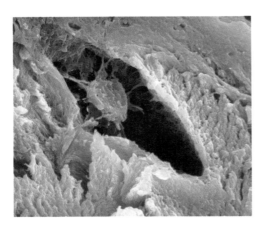

골격근육과 연결된 경골(뼈)세포를 주사전자현미경으로 촬영한 사진

혹자는 말하기를 튼튼한 뼈를 갖은 사람은 자신의 수명보다 10년은 더 오래 살 수 있다고 한다.

16. 몸의 골격을 세우는 뼈세포

"적절한 운동이 뼈를 튼튼케 해요"
수많은 섬유질 치밀하게 결합돼 있어

동물의 세계는 뼈가 있고 없음에 따라서 척추동물과 무척추동물로 분류한다. 뼈는 몸의 형태를 유지 및 지지하며 뇌나 심장, 허파처럼 중요한 기관을 보호하고 근육과 함께 움직일 수 있도록 지지하는 역할을 한다. 그 외에도 조혈기능을 하는 공간을 확보하며 각종 혈구세포의 인큐베이터 보금자리가 된다. 이렇게 만들어진 뼈는 몸의 형태를 유지하는 일 외에도 일부의 뼛속에서는 구멍이 숭숭 뚫린 스펀지 같은 3차원적 공간 안에 수많은 적혈구와 백혈구 등 각종 혈구세포가 성숙되는 훌륭한 공장이다. 이 공장은 몸에서 가장 안전한 곳이다. 두껍고 단단한 뼈 속의 공간에서 일평생 필요한 양의 혈구세포를 만들어 낼 수 있도록 외부의 물리적 자극으로부터 보호한다. 또한 뼛속 혈관을 통하여 칼슘이나 인을 뼈의 기질 안에 저장하기도 하고 필요에 따라서 보내주는 물류창고로 각종 무기염류를 다량 저장하고 공급하는 재료 창고이다.

　사람이 다른 동물과 구분될 수 있는 것은 머리와 허리를 곧게 세워 걸을 수 있다는 것이다. 특히 목의 뼈는 머리를 하늘을 향하여 우러러 볼 수 있는 영적인 존재의 당당함을 나타낸다. 이 뼈가 우리의 머리를 잘 받쳐주므로 사람은 동물과 다르게 낮에는 푸른 하늘과 밤에는 빛나는 수많은 별을 보며 영혼의 갈급함과 무한한 상상력을 갖게 하는 것은 아닐까?

　우리 몸에서 가장 단단한 결합구조인 뼈가 무엇으로 구성되어 있어서 그렇게도 강할까? 이를 만들어 내는 세포는 어떤 세포일까? 뼈를 자세히 전자현미경으로 관찰하면 뼈(골)세포에서 만들어진 수많은 콜라겐 섬유질이 여러 방향으로 치밀한 결합을 하고 있는 모습을 볼 수 있다.

　뼈세포는 우리 몸의 결체조직을 위한 세포인 섬유모세포에서 기원한다. 성숙과정에서 교원섬유를 만들어 세포 밖으로 분비하여 여기에 칼슘과 인과 같은 무기염류를 적절히 결합시켜 강하고 튼튼한 뼈로 굳히는 일을 한다. 이 일이 끝나면 뼈세포는 마치 그 안에 갇힌 공간처럼 되어 자신은 서서히 말라 죽는 것처럼 된다. 그 빈자리에는 뼈세포가 한 때 존재한 흔적만 남긴다.

　뼈가 튼튼하면 장수한다는 말이 있다. 또 혹자는 말하기를 튼튼한 뼈를 갖진 사람은 그렇지 못한 사람과 비교하면 10년은 더 오래 살 수 있다고 한다. 과히 틀린 말은 아닌 듯하다. 사람은 나이가 들어감에 따라서 여러 가지 이유로 뼈세포 그 고유의 능력이 떨어진다. 특히 폐경기 이후의 여성이 그러하다. 이는 뼈의 치밀한 결합구조가 느슨해지고 스펀지 같은 구멍이 더 크고 많이 생긴다. 잘 알려진 대로 '골다공증' 현상이 가속화된다. 이 현상은 호르몬과 그 외 관여하는 여러 가지 원인이나 개인에 따른 차이가 있을 수 있다. 생활습관이나 고령으로 인하여 움직이기 싫고 눕기를 좋아하고 육신의 안락한 생활에 익숙해지면 튼튼했던 뼈가 약해질 수 있다. 뼈는 계속 눌림 같은 자극을 받아야 강하여지기 때문이다. 장기간 우주여행을 한 우주인이 골다공증과 근육 감소로 무력한 모습이 되는 것과 같다. 귀찮아도 계속해서 적절한 운동을 하며 움직여야 튼튼하다. 또한 성장기의 청소년처럼 흡수가 잘되는 칼슘 식품도 도움이 된다.

성도의 신앙이 안락과 육신의 편안함에 안주하면 영적으로 느슨해진다. 항상 성령으로 충만하여 기도하고 하나님의 말씀으로 항상 채워지지 않으면 믿음의 뼈대가 약화된다. 영적 근육과 뼈를 강화시켜야 주님의 이름으로 빛과 소금의 역할을 할 수 있다.

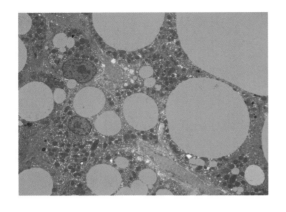

지방간의 조직을 투과전자현미경으로 관찰하면 노란방울 모양으로 세포질에 가득들어 있다.

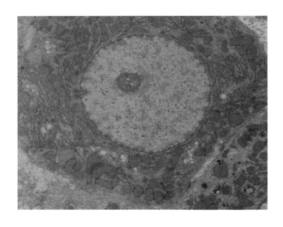

하나의 정상 간세포와 핵(보라색)

큰 덩치답게 하는 일이 현재까지 알려진 것이 무려 500여 가지나 되는데 크게 나누어보면 몸에 들어온 각종 영양분인 지방, 탄수화물, 단백질을 적절하게 재합성하고, 대사물질로 필요에 라 분해하거나 몸 안에서 남아도는 여분의 영양소는 저장하며 부족할 때는 방출하여 수급을 조절한다.

17. 불편한 진실, 지방간의 간세포

간은 인체 내부에서 가장 크고 무거운 장기
과도한 영양은 지방간 일으킬 수 있어

인체 내부의 장기 중에서 가장 크고 무거운 기관이라면 당연히 간이다. 성인의 경우 약 2.5kg 정도이므로 단일 기관으로 가장 크다. 그리고 내장에 있는 큰 장기임에도 불구하고 조용하다. 심장처럼 쉬지 않고 박동하는 움직임과 소음도 없으며 폐처럼 식식거리며 쭈그러들었다가 펴지는 일도 하지 않는다. 또한 위나 장처럼 꿈틀거리지도 않는다.

그저 죽은 듯 조용하기만 하다. 그래서 침묵의 장기라고 불린다. 그러나 간을 무시하면 곤란하다. 큰 덩치답게 하는 일이 현재까지 알려진 것이 무려 500여 가지나 되는데 크게 나누어보면 몸에 들어온 각종 영양분인 탄수화물, 단백질, 지방을 적절하게 재합성하고 대사물질로 필요에 따라 분해하거나 몸 안에서 남아도는 여분의 영양분을 저장하며 부족할 때는 방출하여 수급을 조절한다.

쓸개액을 만들고 분비하여 음식물 중에 지방소화를 돕고 몸에서 대사 후 생기는 독소나 노폐물과 음식을 통하여 들어온 독성 물질을 분해하는 해독 기능을 하며 세균 같은 이물질을 잡거나 없애는 일을 한다. 또한 근육세포 다음으로 많은 열을 발생시켜 온 몸을 데운다. 이밖에도 워낙 다양한 일을 하기 때문에 일일이 다 헤아릴 수 없는 우리 몸의 화학공장과도 같은 큰 장기이다. 또한 생명과 관계된 주요한 장기로 일부분의 정상 간세포로도 그 기능을 충분히 할 수 있을 정도로 여유 기능을 갖고 있다.

한편 간염을 일으키는 바이러스에는 매우 취약한 세포이다. 잘 알려진 수인성 전염병인 A형 간염은 급성 감염으로, 감염되면 간세포 전체가 일시적으로 기능을 못할 정도로 급성 간염증세를 보이지만 점차 회복기를 거쳐 치유된다. 그러나 B형이나 C형 간염 바이러스는 오랜 기간 간에 장애를 일으키는 바이러스로 간경화나 간암으로 되기도 하는 간에게는 무서운 바이러스이다.

또한 체내에 과량의 영양공급으로 지방간을 일으킬 수 있다. 이는 간의 역할 중에 영양분을 저장할 수 있는 기능을 감당할 수 없는 상태이다. 간세포의 과도한 영양을 저장하는 일은 간이 할 수 있는 고유의 여러 가지 일을 할 수 없도록 된다. 사진은 전자현미경으로 관찰한 사람의 지방간세포로서 큰 지방 과립(노란색)이 세포질 내에 쌓인 것이다.

물론 특별한 경우 영양 상태와는 관계없이 간의 영양 대사를 잘못해서 지방간이 될 수 있으나 일반적으로 현대인의 비만은 과량의 영양공급과 운동부족으로 간에 악영향을 주는 경우가 많다. 간세포 내의 과도하게 축적된 큰 지방과립은 핵이나 세포질 보다 더 커서 기형적인 세포 형태를 나타낸다. 알맞은 영양 섭취와 적절한 운동으로 체내에 과도하게 지방이 쌓이는 일을 예방하여 건강한 간세포를 유지하는 것이 중요하다.

우리도 영적 게으름과 비만에 걸려 있지 않도록 끊임없이 성령과 동행하고 몸소 행함으로 균형이 있는 신앙인 되어야 하겠다.

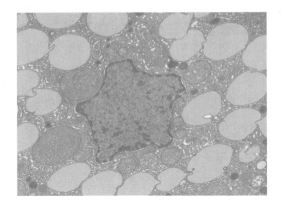

부신의 호르몬을 생산하는 세포는 호르몬을 생산하기 위해서 미토콘드리아가 근처의 많은 지방(노란색)을 사용한다. 세포질(붉은색), 세포핵(청색)

우리의 몸을 지나치게 스트레스 상황으로 몰입시키거나 과도한 긴장상태를 유지하게 되면 우리 몸은 본능적으로 이에 대처하기 위해 아드레날린의 양을 증가시켜 위험에 대비하려는 준비를 한다.

18. 분노의 호르몬 아드레날린

산소, 영양분 공급하며 신체 활성화시켜
스트레스 쌓일 땐 오히려 독이 될 수도

호르몬은 아주 작은 양으로 신체와 정신영역에 이르기까지 많은 변화를 만들어낸다. 눈에 확연하게 나타나는 호르몬 작용의 대표적인 것이 성호르몬이다. 2차성징이 나타나는 사춘기에 몸의 큰 변화를 나타내는 것도 호르몬의 작용이다. 여자를 여자답게 남자를 남자답게 하는 외모의 특징과 함께 각각의 개인에게 성품과 성격의 차이를 만들어 내는 것도 신비한 호르몬의 영향이다.

우리 몸에는 많은 종류의 호르몬이 있다. 그중에 콩팥(신장) 위에 삼각형의 작은 모자처럼 붙은 부신(副腎)이라는 신장의 아류 같은 작은 기관이 있다. 그러나 신장의 부속기관이나 추가적으로 덧 있는 기관이 아닌 중요한 호르몬과 연계된 장기이다. 부신은 여러 가지 호르몬을 만드는 전문기관으로 작고 기능이 서로 다른 겉(피질)과 속(수질)을 이루고 있는 세포로 이뤄졌다.

그중에 속을 이루고 있는 세포는 뇌의 지시에 따라 부신수질호르몬으로 알려진 아드레날린을 분비해 우리가 활동할 수 있도록 심장의 박동을 활성화시켜 적절한 혈압을 유지하게 한다. 아드레날린은 온몸에 산소와 영양분을 공급해 근육을 긴장시켜 주고 신체를 활성화시켜주는 호르몬이다. 우리 몸에 심장의 맥박수와 혈압을 상승시키며 혈당을 높인다. 다른 것과 대체할 수 없는 중요한 호르몬으로 몸이 일하고 활동할 수 있도록 어느 정도의 긴장을 통해 일을 원활하게 한다. 그러나 장기간 과도한 스트레스로 인한 아드레날린 호르몬 분비는 부정적인 효과를 나타낸다.

우리의 몸을 지나치게 스트레스 상황으로 몰입시키거나 과도한 긴장상태를 오랜 기간 유지하게 되면 우리 몸은 본능적으로 이에 대처하기 위해 아드레날린의 양을 증가시켜 위험에 대비하려고 한다. 과다한 호르몬의 분비로 흥분되어 호흡이 빨라지고 가슴이 두근거리며 눈의 동공이 확대된다. 또한 침샘과 기타의 소화액의 분비가 적어지며 식욕이 없어지고 소화가 잘 안되면서 혈당이 높아진다. 이러한 반응의 연속은 다른 호르몬 분비에도 악영향을 주어 중년 이후에 당뇨질환을 유발하는 원인이 될 수 있으며 여러 가지 호르몬 분비의 교란을 일으켜 각종 자가면역질환을 일으킬 수 있다.

삶에서 원치 않게 화를 내는 일이 생기고 흥분하는 일이 발생하면 이때 아드레날린이 대량 분비되어 우리 몸은 이에 상응하는 반응을 보인다. 이 호르몬의 별명은 '분노의 호르몬'이라고 부른다. 분노하고 격한 행동을 할 때 이에 대응하기 위해 부신에서 분비하는 호르몬이다. 화를 내지 않는 것이 중요하며 화가 나도 그 순간 빨리 벗어나는 것이 좋다. 몸이 상할 수 있기 때문이다. 성경은 "분을 내어도 죄를 짓지 말며 해가 지도록 분을 품지 말고"라고 기록하고 있다(엡 4:26).

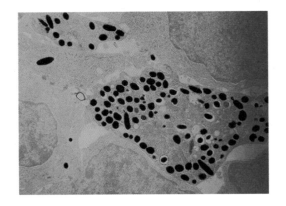

피부에 존재하는 흑색세포의 검은 과립을 전자현미경으로 촬영한 사진

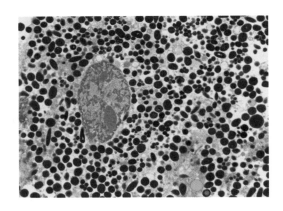

악성 흑색종을 투과전자현미경으로 3,000배 확대한 사진. 하나의 흑색세포 안에 수많은 검은 과립이 멜라닌색소이다.

본래 흑인과 백인의 피부에 흑색세포의 수적인 차이는 크지 않다. 단지 흑색세포의 활성도 및 기능 차이로 피부색깔이 달라진다. 흑인들의 피부는 백인들의 피부에 비교하여 탄력이 좋고 피부질환에 관련한 문제가 많지 않다.

19. 인류 유색인종 근거는 흑색세포

자외선 차단하고 피부 밑의 세포 보호해
검은피부는 열대 지역에서 경쟁력 있어

세포 중에는 색깔을 나타내는 몇 종류의 세포가 있다. 그중에서 검은색을 나타내는 흑색세포가 있는데 이 세포 내에 포함된 흑색 과립은 마치 잘 볶아진 원두커피 열매나 검정 쌀알 모양이기도 하다. 손바닥과 발바닥을 제외한 피부 전체에 존재한다. 그리고 눈의 홍채와 망막에 존재하며 이는 빛의 차단 막으로 빛의 양을 조절하며 들어온 빛의 반사를 막아 준다. 유해한 자외선은 세포의 유전자에 손상을 주므로 이를 막는 방법은 흑색 과립을 많이 만들어 자외선을 차단하는 커튼과 같은 일을 해서 피부 밑의 세포를 보호한다. 그러므로 흑색세포는 빛과 관련이 많은 세포이다.

필자는 어릴 때에 햇볕이 강렬한 아프리카 대륙에 사는 흑인의 검은 피부는 흰색 피부보다 빛을 잘 흡수하여 더욱 덥게 만들 것이라고 생각한 적이 있다. 그러나 성장한 후에는 이것이야 말로 강렬한 햇볕이 있는 곳에 사는 사람에게는 흑색 피부가 축복이라는 것을 알았다. 만일 흑색 피부가 아닌 흰색 피부라면 그 땅에서 생존이 불가능했을지 모른다는 것을 알았다. 본래 흑인과 백인의 피부에 흑색세포의 수적인 차이는 크지 않다. 단지 흑색세포의 활성도 및 기능 차이로 피부색깔이 달라진다. 흑인들의 피부는 백인들의 피부에 비교하여 탄력이 좋고 피부질환에 관련한 문제가 많지 않다. 흑인은 백인보다도 열대의 자연생태계에서 경쟁력 있는 좋은 피부를 갖고 태어나는 것이다. 자외선으로부터 몸을 보호해주는 보호막 역할을 하기 때문이다.

우리 몸은 자외선으로부터 피부를 보호하기 위해서 검은색소를 침착시킨다. 우리나라 사람도 흰 피부를 선호하는 경향이 있다. 요즘 인기가 있는 미백 화장품 외에도 자외선 차단 화장품을 찾는 경우가 많다. 흑인들이 자외선 차단 크림을 바르는 경우가 있을까? 흑인들은 지구 상에서 가장 좋은 피부를 갖고 태어난 것은 분명한 것 같다. 흰색 피부를 선호하는 것은 현재 사람들의 잣대로 과학문명과 인류문화를 주도해온 유럽과 미주의 백인 위주의 사고가 아닌가 싶다.

인류의 역사상 가장 비극적인 인종차별 중에서도 유색인종에 대한 차별의 근원을 찾아보면 그 중심에는 피부색에 있다. 흑색세포가 흑인, 백인, 홍인종, 황인종 등 수많은 인종과 흑색머리, 갈색머리, 빨강머리, 회색머리, 백발 등 다양한 머리카락을 만들고 눈의 홍채와 망막의 색을 만들어

갈색 눈, 검은 눈, 회색 눈, 파란 눈, 토끼처럼 빨간 눈도 만들어낸다. 이것을 현미경으로 보면 흑색세포의 수와 밀도 그리고 활성화된 기능의 차이로 인류의 색을 주로 결정한다. 이는 알고 보면 단지 기후나 현지에 오랜 기간 적응하고 살아남기 위한 활성화된 세포의 기능이거나 적응일 것이다. 우리는 이를 다름으로 구분하고 차별하며 심지어 넘지 못할 계급화 하는 단계까지 이르러 과거부터 현재의 인종차별이라는 우생학적인 단계에 이르지 않았는지 모르겠다. 노벨 평화상 수상자였던 마틴 루터 킹 목사의 연설의 일부에서 나타난 외침이 있다.

『오늘 저에게는 꿈이 있습니다. 나의 네 자녀들이 피부색이 아니라 인격에 따라 평가받는 그런 나라에 살게 되는 날이 오리라는 꿈입니다』

몸은 단지 유해한 자외선으로부터 몸을 보호하는 것인데 이로써 사람을 평가하는 기준이 되면 하나님의 아름다운 창조세계를 잘못 이해하고 있는 것이다.

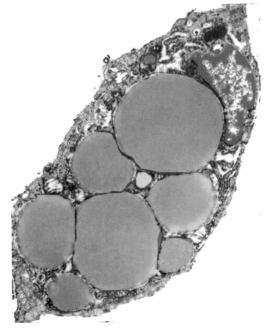

지방방울(노란색)에 비타민 A를
저장하고 있는 간의 간성상세포
를 전자현미경으로 촬영한 것.
청색: 이토세포의 핵

수용성 비타민은 그날 필요한 만큼 세포에서 사용되고 나머지는 소변으로 배출된다. 그러나
지용성 비타민은 우리 몸 어디엔가 저장된다. 대표적인 것이 간으로 비타민 A를 지방 방울
형태로 세포 안에 저장하는 간성상세포가 있다(사진).

20. 간성상세포를 자극하면 간경화

비타민 A 지방 방울 형태로 세포 안에 저장
감염이나 손상 받으면 간경화 원인 되기도

    우리 몸에 필요한 5대 영양소 중에 하나가 비타민이다. 비타민은 기름에 녹으면 지용성 비타민이고 물에 녹으면 수용성 비타민으로 분류한다. 수용성 비타민은 그날 필요한 만큼 세포에서 사용되고 나머지는 소변으로 배출된다. 그러나 지용성 비타민은 우리 몸 어디엔가 저장된다. 저장하는 대표적인 장소가 간으로 비타민 A를 지방 방울 형태로 세포 안에 저장하는 간성상세포가 있다(사진). 필요할 때 사용하기 위하여 여분을 저장해 두는 곳이다. 특히 지방은 물에 잘 녹지 않기 때문에 저장이 용이하다. 우리 몸에서 대부분의 각종 무기염류와 영양분을 저장하는 기관이라면 당연히 간을 생각한다.

    간은 각종 영양분의 저장 창고이며 필요에 따라 재합성해 내는 곳으로 다양한 장기 중에서 가장 크다. 간 조직을 전자현미경으로 구석구석을 관찰해보면 모습이 고구마 같은 모양의 간성상세포를 드물게 관찰할 수 있다. 그 안을 들여다보면 지방 방울이 세포질 내부에 가득 채워져 있음을 알 수 있다. 마치 지방세포의 일종으로 보일 정도이다. 경우에 따라서 지방간이 심한 환자나 술을 마신 후의 간세포와 같이 지방이 함께 있을 때는 일반 광학현미경으로는 잘 구분이 되지 않는다. 그러나 전문가들은 간세포와 간성상세포를 구분한다.

간성상세포가 전체 간에서 차지하는 비율은 1.4% 밖에 되지 않지만 경우에 따라서 B형 혹은 C형 간염 바이러스나 과도한 음주로 지속적인 자극을 받는다면 그 기능이 활성화되며 세포의 개체수가 증가한다. 그리고 점차 본래의 기능은 없어지고 많은 양의 작은 망상구조의 콜라겐 섬유를 만들어 내기 시작한다. 그렇게 되면 정상적인 간세포가 차지하는 영역을 이 세포가 대체하여 간 섬유화가 된다. 이런 상태가 지속된다면 간의 색깔은 간 고유의 암적색에서 적갈색으로 변하고 정상적인 간보다 좀 단단해진다. 이는 간세포보다는 변형된 간성상세포가 좀 더 단단하다는 뜻이다. 평상시에는 조용하게 지용성 비타민을 저장하는 세포이지만 각종 감염이나 좋지 못한 자극을 계속 받는다면 돌이키기 어려운 상태로 간을 곤경에 처하게 한다.

간성상세포의 기질이 변화되고 지속적으로 섬유화 증식을 하면 무기력한 간이 되어 결국에는 간이 기능을 못하게 된다. 또한 수많은 모세혈관이 동굴모양의 혈관으로 이루어진 간은 간경화를 통하여 정상적인 구조인 동굴모양의 혈관이 없어지니 간으로 들어가는 혈액이 못 들어가고 그나마 간을 통과하여 나오는 혈액 역시 제 기능을 하지 못하는 간을 통과하므로 영양 저장, 해독 기능, 단백질 합성 등 약 500가지가 넘는 각종 대사 기능을 제대로 할 수 없는 상태에 이른다. 그러므로 이와 같은 문제는 간을 통한 순기능을 못하고 오히려 악순환의 고리를 벗어나지 못한다. 종말에는 간경화라는 종착점에서 생명의 위협을 받는 과정에 이르게 된다.

대부분의 손상받은 간세포들은 비교적 잘 회복이 된다. 그러나 손상을 지속적으로 받는다면 간성상세포는 간을 쓸모없는 상태로 만들 수도 있다.

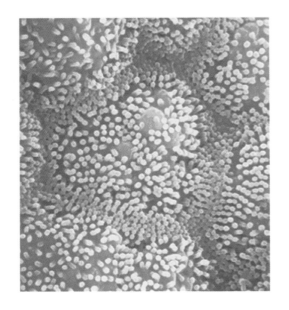

위 점막 표면을 3,000배로 확대
한 전자현미경사진

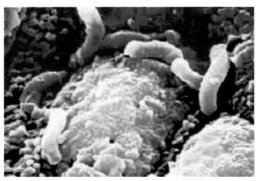

위 점막의 헬리코박터균(청색)

위장의 강산은 어찌나 강한 산인지 위산을 생산하고 분비하는 위벽 자체까지도 가수분해 시
켜 녹여버릴 수 있다. 그러므로 우리 몸은 위점막(사진)을 보호하기 위한 점액질을 함께 분비
하여 위벽을 점액으로 덮어서 보호한다.

21. 쇠도 녹일 수 있는 위벽세포

음식물의 가수분해하고 멸균시키고 소화를 돕는
위점막 보호 위해 점액질로 균형 이루어

우리 몸에는 지독한 강산을 제조하여 소화기관으로 분비하는 곳이 있다. 어찌나 강한 산성 액체인지 쇠도 녹이고 단단한 뼈도 물렁거리게 할 정도의 강산이다. 주변인 중에서 신트림으로 고통을 호소하는 경우가 있다. 역류한 위의 강산이 역류함으로 식도 점막을 뜨겁고 화끈거리게 하여 불쾌한 증세로 자주 반복되는 경우에 역류성 식도염으로 고통받는다. 강한 위산은 화학적으로 염산과 동일한 성분이다.

위산을 제조하여 분비하는 세포를 '벽세포'라고 부르며 위장 점막층에 존재한다. 벽세포는 세포 자체 안에서 수소이온을 강하게 농축하여 강산을 만들어낸다. 이때 많은 에너지가 필요한데 세포 발전소와 같은 에너지 생산 전문업체인 미토콘드리아가 그 기능에 걸맞게 잘 발달되어 있어서 충분한 에너지를 공급한다.

위장에서 강산은 양면성을 갖고 있다. 강산으로 위벽 자체를 심하게 손상을 줄 위험이 있다. 그리고 십이지장으로까지 그 피해를 줄 수 있다. 위산이 과다하게 많이 분비되는 사람은 위염이 생길 수 있으며 더 나아가 위궤양이 생긴다. 이런 경우에는 위산에 그대로 노출되어 그 고통이 더 심하게 가중되며 잘 회복되지 않는다. 그러나 만일 위장에서 이 위험한 강한 산을 만들지 않는다면 어떠한 일이 일어날까? 무엇보다도 음식물이 원활하게 소화가 되지 않는다. 또한 일부 무기염류인 칼슘과 철, 비타민 B12 등의 흡수가 좋지 않을 수 있다. 그 결과 몸의 영양상태가 아주 좋지 않은 악성빈혈 상태가 될 수 있다. 강산이 분비되어야 음식물의 가수분해를 촉진시키고 계속해서 다음의 소화 단계가 잘 진행될 수 있다. 그러므로 위장에서 강산을 만들어 내지 않는다면 영양상태가 좋지 않은 인체의 악 영양상태에 이른다. 그리고 음식물에 포함된 적지 않은 미생물과 평상시 입안에 존재하는 수많은 세균과 곰팡이 등 각종 미생물과 바이러스가 그냥 위 안으로 들어와 식중독을 일으킬 위험이 있다. 이들 미생물은 위장에 들어오면 대부분 강한 위산에 분해되어 거의 죽는다.

한편 앞에서 이야기한 위장의 강산은 어찌나 강한 산인지 위산을 생산하고 분비하는 위벽 자체까지도 가수분해 시켜 녹여버릴 수 있다. 그러므로 우리 몸은 위점막(사진)을 보호하기 위한 점액질을 함께 분비하여 위벽을 점액으로 덮어서 보호한다. 위점막이 없다면 음식물 소화 이전에 위벽

의 심한 손상은 물론이거니와 위장에 쉽게 구멍이 생길지도 모른다. 그러
므로 우리 몸의 위는 강산 분비와 위 점막을 보호하는 점액물질의 생산이
균형을 이룬다. 그러나 일상의 불안감과 염려, 극심한 스트레스 등은 과도
한 위산을 분비하여 여러 가지 위장질환을 유발시킬 수 있다. 따라서 과다
한 불균형의 강산 분비는 위점막을 마치 화상 입은 것처럼 손상을 시킬 수
있다. 현대인의 스트레스는 위산과 위를 보호하는 점액질의 불균형을 가
져와 위장질환이 발생할 수 있다. 일상생활에 기쁨과 감사 그리고 평화는
위장을 행복하게 한다.

"아무 것도 염려하지 말고 다만 모든 일에 기도와 간구로, 너희 구할 것
을 감사함으로 하나님께 아뢰라 그리하면 모든 지각에 뛰어난 하나님의
평강이 그리스도 예수 안에서 너희 마음과 생각을 지키시리라"(빌 4:6-7)

쓸개액

간과 연결된 쓸개관(갈색)으로 그 내부에 쓸개액이 흐른다. 전 자현미경사진

쓸개액이 분비되지 않는다면 혈관내로 많은 양의 빌루리빈이 역류하여 피부가 노랗게 변하며 이를 황달이라고 한다. 빌루리빈의 색소가 오랜 기간 피부에 계속 침착된다면 어두운 갈색이 되어 거칠고 짙은 피부색으로 변하게 한다.

22. 쓸개액의 색을 결정하는 빌리루빈

간에서 파괴된 적혈구 노란색소로 변해

사람의 간에서 하는 수많은 주요 기능 중에 하나는 쓸개액(담즙액)을 생산하는 일이다. 간세포가 만든 쓸개액을 분비하여 쓸개관(담관)를 통해 작은 주머니에 담아 보관하는 곳을 쓸개주머니(담낭)라고 한다.

쓸개액의 원래 재료는 혈관을 통해 순환하던 적혈구가 수명을 다한 후 간에서 파괴되면서 생기는 '빌루리빈'이라는 노란 색소이다. 이 색소를 농축시켜 많은 양이 모아지면 짙은 암갈색으로 때로는 먹물처럼 보인다.

우리 몸에서 만들어져 밖으로 분비하는 것 중에서 색소를 나타내는 것으로 소변의 색이 노란색인 것도 빌루리빈의 색소이며 흰쌀밥에 콩나물, 감자국 등 특별한 색을 띠지 않는 음식물을 섭취했을 때 분변의 색깔이 갈색이나 황금색인 것도 알고 보면 당연히 쓸개액의 영향이다.

만일 쓸개관이 막혀서 쓸개액이 분비되지 않는다면 분변의 색깔은 흰색에 가깝다. 쓸개액이 분비되지 않는다면 혈관 내로 많은 양의 빌루리빈이 역류하여 피부가 노랗게 변하며 이를 황달이라고 한다. 빌루리빈의 색소가 오랜 기간 피부에 계속 침착된다면 어두운 갈색이 되어 거칠고 짙은 피부색으로 변하게 한다.

쓸개주머니에서 돌이 발견되는 경우가 있다. 이를 담석이라고 하는데 일반적으로 성인 10명 중 1명이 담석을 갖고 있다고 한다. 크기와 모양 색깔도 다양하다. 이러한 돌은 쓸개액이 분비하는 쓸개관을 막아 황달을 일으키기도 하고 심한 염증과 함께 극심한 통증이 발생한다.

우리나라 일부 강가에서 잡히는 민물고기 중에 조리하지 않고 싱싱한 회를 먹었을 때 감염될 수 있는 간디스토마(간흡충)는 십이지장을 통해서 쓸개관을 거슬러 간으로 올라간다. 이 기생충은 우리에게는 쓴맛인 쓸개액을 좋아한다. 간이나 쓸개관에서 오랜 기간 살며 영양분을 탈취하기도 하며 때로는 쓸개관을 막기도 한다. 일부 쓸개관(담도) 암에 걸린 사람에게서 기생충이 발견되기도 하는 경우가 있어서 이 기생충은 암을 유발하는 것으로도 알려져 있다.

우리 몸에서 쓸개액의 주요 기능은 음식물 소화와 관련된다. 음식물이 위를 통과하여 십이지장을 지날 때 쓸개주머니에서 알칼리 성분의 쓸개액을 분비한다. 그러므로 위를 통과하면서 산성화 된 음식물이 소장에서 중성화된다. 쓸개액은 소화에 직접 관여하지 않지만 지방성분이 많은 음식물이 십이지장을 지나가면 이를 감지하고 모아둔 쓸개액을 흘려보내 지방소화를 돕는다. 그러므로 육류를 먹고 소화하는 일에는 매우 중요하다. 지방성분은 물에 잘 녹지 않지만 쓸개액에는 녹는다. 그러므로 초식을 하는 동물보다는 육식을 하는 동물에게 더 잘 발달되었다.

두려움이 없고 배짱이 두둑하고 강한 용기를 가진 사람을 우리는 담대(膽大)하다고 한다. 쓸개가 크다는 뜻이다. 모세가 죽은 후 하나님은 여호수아에게 다음과 같이 말한다. "강하고 담대하라 두려워하지 말며 놀라지 말라 네가 어디로 가든지 네 하나님 야훼가 너와 함께 하느니라 하시니라"(수1:9) 모세의 후임자로서 이스라엘의 지도자 여호수아에게 3번(수 1:6, 7, 9)에 거쳐 "강하고 담대하라"고 하신다. 어렵고 힘든 환경에 있는 우리에게 오늘도 동일하게 말씀하신다.

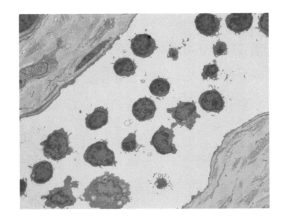

혈관은 적혈구를 포함한 다양한 혈구세포들이 이동하는 혈관과 백혈구 중에 임파구라는백혈구 (청색)가 다니는 임파관이 있다.

우리 몸에는 길을 닦는 일과 같은 역할을 하는 세포가 있다. 혼자서 모세혈관 같은 작은 길은 쉽게 만들며 큰 혈관은 몇몇 세포와 협조하여 큰 길을 만들어내는 세포가 있다. '내피세포'이다(사진). 이 세포는 언제나 혈관 안쪽에 존재하며 혈관 안쪽의 단층내부를 감싸는 세포이다.

23. 혈관을 빈틈없이 감싸는 내피세포

혈액의 흐름 돕고 혈관 벽의 청결 유지시키는 세포

우리 몸이 성장하려면 몸을 구성하고 있는 다수의 세포 수가 계속 증가해야 한다. 세포의 수가 많아지려면 필수적으로 각각의 세포에 산소와 필요한 영양공급이 있어야 가능하다. 그리고 각각의 세포에게 전해 주어야 할 각종 호르몬과 각종 신호전달 물질이 필요하다. 그러므로 공급하고 전달할 할 수 있는 충분한 공급 통로가 되는 길이 있어야 한다. 우리 몸에는 길을 닦는 일과 같은 역할을 하는 세포가 있다. 혼자서 모세혈관 같은 작은 길은 쉽게 만들며 큰 혈관은 몇몇 세포와 협조하여 큰길을 만들어내는 세포이다. 그 이름이 '내피세포'이다(사진). 이 세포는 언제나 혈관이나 림프관의 안쪽에 존재하며 내부를 감싸는 세포이다.

내피세포는 혈관 모양을 유지하며 혈관 내부에 떨어지지 않도록 잘 붙어 있다. 이 세포는 혈액이 응고되거나 기타 이물질이 혈관 벽에 달라붙지 않도록 청결한 상태를 유지한다. 기능면에서 혈액과 내부의 세포에게 필요한 물질을 선택적으로 구별해서 통과시키며 교환도 한다. 내피세포를 통하지 않고는 어느 물질도 혈관 벽을 통한 세포 안으로 이송은 없다. 그러므로 우리 몸에서 이루어지는 세포 단위의 신진대사는 혈관에서 내피세포를 반드시 경유해야 한다.

이 세포의 본래 모양은 둥근 모양으로 구형이지만 성숙한 정도와 위치에 따라서 모양이 달라진다. 작은 모세혈관 같은 곳에서는 초승달처럼 생겨 둥근 혈관을 만드는 특성이 있다. 심장의 안쪽 벽이나 대동맥처럼 큰 면적의 안부에는 얇은 타일처럼 퍼져서 한 겹의 단층으로 붙어 있다. 특별히 간세포의 모세혈관과 신장의 사구체 안에 존재하는 내피세포는 작은 구멍이 많은 얇은 그물 모양을 하고 있다. 그러나 뇌에서는 내피세포가 치밀하고 단단하게 경계를 이루어 외부 물질이 뇌세포로 유입되는 것을 막는다. 이렇듯 혈관은 위치에 따라서 다양한 모양과 기능을 한다. 혈압도 신축성 있는 유연한 자세를 유지하며 혈액의 흐름을 원활하게 하는 세포이기도 하다.

또한 혈관 안이라는 본연의 자리를 이탈하지 않고 모든 혈관 내벽에는 반드시 존재한다. 혈관이 만들어지는 과정을 보면 처음에는 구형에 가까운 내피세포가 모양을 바꾸어 초승달처럼 생긴 송편이나 바나나처럼 자신을 변형시킨다.

이때 가장자리에 혈관이 만들어지며 최초의 작은 동굴 같은 관을 만들어 낸다. 결국 내피세포는 우리 몸에 필요한 혈관을 만들어내는 세포로 혈관이라는 길을 만들어 낸다. 암세포가 빠르게 증식할 때도 혈관을 만들도록 촉진하는 물질을 분비하여 암세포가 필요한 영양분을 공급받게 한다. 그러므로 모든 혈관은 대형 혈관이나 주요 위치에 있는 혈관을 제외하고 작은 혈관이나 모세혈관은 필요에 따라서 끊임없이 새로 만들어지기도 하고 체중이 빠지면 그만큼 혈관도 없어지기도 한다. 어린이처럼 성장하고 자라는 몸에는 내피세포가 활성화되어 있다. 물질을 끊임없이 공급하며 소통할 많은 혈관이라는 길이 필요하기 때문이다.

세례요한은 예수 그리스도의 오시는 길을 예비한 선지자였다(마3:3). 그는 "회개하라 천국이 가까이 왔느니라"(마3:2)고 외쳤다. 그는 구원자, 예수 그리스도가 세상에 오시는 길을 준비한 선지자였다(행19:4 참조). 세례요한은 하나님의 위대하며 거룩한 구원 사역을 친히 담당할 예수님의 사역을 위해 먼저 와서 길을 만들고 준비하는 사역을 담당했다. 오늘날도 이와 같이 기도와 간구함으로 복음 전파의 길을 만들어가는 준비작업이 필요하다.

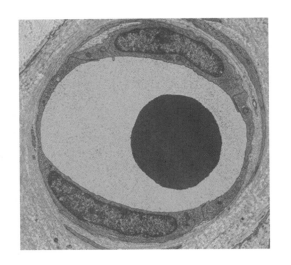

직경이 약 10마이크로미터의 모
세혈관을 횡단면으로 잘라서 내
피세포(청색)와 혈장(노란색), 하
나의 적혈구(붉은색)를 전자현미
경으로 촬영한 사진

혈액의 응고를 막고 흐름을 원활하게 하며 혈액이 조직 내부로 그냥 스며들거나 새는 것을
막는다. 그러나 때로는 주변에 염증이 발생하면 혈액 중에서 백혈구가 내피세포를 경유해서
나가도록 선택적으로 백혈구 종류의 세포들이 이동하도록 한다.

24. 내피세포를 통과 못하면 무용지물

건강한 몸은 건강한 혈관을 유지하는 것
고혈압, 당뇨, 흡연은 내피세포 병들게 해

혈관 안쪽의 내벽을 감싸고 있는 세포가 있다. 혈액과 직접 닿는 세포들로 심장의 안의 내벽과 동맥, 모세혈관, 정맥, 림프관 등 혈액이 지나가는 모든 혈관 내부에는 내피세포가 빈틈없이 목욕탕의 타일처럼 납작하고 편평하게 단일 층으로 붙어 있다. 혈액의 응고를 막고 흐름을 원활하게 하며 혈액이 조직 내부로 그냥 스며들거나 새는 것을 막는다. 그러나 때로는 주변에 염증이 발생하면 혈액 중에서 백혈구가 내피세포를 경유해서 나가도록 선택적으로 백혈구 종류의 세포들만 이동하도록 한다.

내피세포는 혈액이 지나갈 때 쉬지 않고 혈장이란 액체성분을 조직내부로 옮긴다. 그러므로 혈관을 통과하여 전달되는 모든 영양분과 산소, 호르몬 등은 내피세포라는 관문을 통과해야 한다. 이 세포를 통하지 않고 전달되는 것은 없다. 그러므로 무척이나 예민하여 이상한 성분은 통과시키지 않는다. 내피세포의 검문이 가장 엄격한 곳은 뇌혈관이다. 이곳은 인체의 어느 장기보다도 많은 양의 산소를 필요로 한다. 수분과 일부 엄선된 영양분은 통과하는 일에 문제가 없지만 혈액을 타고 돌아다니는 각종 영양분이나 약물은 강력하게 통제한다. 만일 아무런 제약을 받지 않고 이들이 쉽게 뇌혈관의 내피세포를 통과한다면 뇌는 혼란에 빠지고 돌이키지 못할 만큼 손상받을 수 있다. 그러므로 뇌의 내피세포는 가장 통과하기 어려운 곳이다.

반대로 인체의 세포들로부터 나오는 각종 대사산물은 내피세포를 통하여 혈액으로 버려지게 된다. 버려지고 당장 불필요한 여분의 영양분은 혈액을 통해 운반되다가 몸 밖으로 배설한다. 대표적인 배설 기관이 콩팥(신장)이다. 콩팥의 사구체는 혈액을 여과하는 가장 작은 모세혈관이 모여 있는 곳으로 이곳의 내피세포는 혈액에서 다량의 수분과 각종 넘쳐나는 당과 그 밖의 여분의 영양분과 미네랄을 통과시키며, 몸 안으로 흡수하는 일보다는 여과하고 통과시키는 일을 한다.

또한 간의 혈관 내피세포는 특수하게 생긴 것으로 전자현미경으로 관찰해야 볼 수 있는 매우 작은 동굴 모양의 구멍이 있다. 혈액이 각각의 간세포에 직접 닿아서 혈액 안에 독성이 있는 성분이 있으면 간세포가 해독하는 일을 하고, 각종 제공되는 것과 합성해 내는 단백질과 호르몬의 통로가 된다. 이 외에도 우리 몸의 모든 혈관 내부를 감싸고 있는 내피세포는 혈액이 지나가는 곳곳마다 특수하게 조직화되고 그 고유의 기능을 하도록 특화되어 있다.

건강한 몸은 건강한 혈관을 유지하는 것이다. 이것은 혈관을 감싸고 있는 수많은 내피세포를 건강하게 하는 것과 무관하지 않다. 고혈압, 고지혈증, 당뇨, 흡연은 내피세포를 병들게 하는 원인이다. 우리의 신앙에도 지체들의 교제와 사랑 나눔에서 장애가 되는 것은 없는지 항상 관심을 가져야 한다.

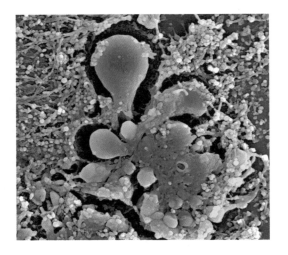

하나의 세포가 분절되며 스스로
죽어가는 모습

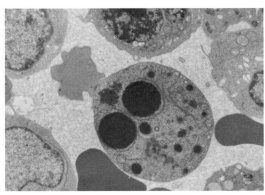

혈액 중에서 스스로 죽어주는 백
혈구(청색)

만일 염증반응이 불필요한데 계속해서 수많은 백혈구가 정상범위를 넘어 대량 존재한다면 오
히려 백혈구의 세포독성으로 우리 몸은 피해를 받는다. 그러므로 염증반응이 끝나면 신속하게
'세포자멸사' 과정을 통해 없어지므로 건강한 몸을 유지하게 된다.

25. 스스로 살신성인 하는 세포자멸사

불필요한 세포, 스스로 없어져
자발적 구조조정 통해 건강유지

　지구 상의 수많은 생명체는 생존과 번식에 본능적이다. 태어나서 성장하고 성숙하며 자신과 닮은 생명체를 생산한다. 그러므로 대부분의 세포는 생존을 위해 자신의 상태를 늘 점검하여 이를 유지하기 위해 외부와 교류하는 등 끊임없이 물질대사를 한다. 그러나 세포도 언젠가 죽음에 이르게 된다. 하나의 개체가 사망에 이르러 세포가 모두 죽는 경우는 어쩔 수 없지만 개체가 살아 있는 상태에서 일부의 세포가 죽어가는 경우가 종종 발생한다.

　세포가 죽는 방법은 크게 두 가지다. 하나는 원하지 않는 타살로 죽음에 이르는 것이다. 수명을 다하지 않았는데 외부의 극심한 자극으로 세포가 죽게 된다. 예를 들면 외상으로 일반적으로 피부가 대표적이다. 상처가 나거나 심한 동상, 화상을 입으면 표피의 세포가 죽게 되는 것이다. 다른 하나는 세포가 스스로 죽는 것으로 '세포자멸사'가 있다.

이 글에서는 세포자멸사에 대한 이야기를 하려 한다. 세포가 발생하여 분화하는 과정에서 처음에는 필요하지만 불필요한 것은 없어져야 한다. 예를 들면, 사람의 배아기에 손과 발을 보면 물갈퀴가 있는 것처럼 보인다. 그러나 좀 더 성장하여 태아기에 이르면 손가락과 발가락을 선명하게 볼 수 있다. 이것은 그 사이에 있던 물갈퀴 같은 부위가 없어졌기 때문이다. 여기에 있던 세포가 스스로 사멸되어 없어진 것이다. 만일 사멸과정이 없다면 우리의 손과 발은 오리와 같은 물갈퀴를 갖고 태어난다. 이 현상은 임신 6~8주 사이에 세포자멸사 과정이 일어나는 것으로 만일 세포자멸사 과정이 일어나지 않고 태어난다면 합지증(合指症)이란 증세로 손가락이 붙은 상태로 태어날 수 있다.

세포자멸사의 또 다른 예로 스스로 죽어서 이웃 세포에게 도움을 주는 올챙이 꼬리가 있다. 개구리가 되는 과정에서 꼬리가 점점 작아져서 없어지는데 꼬리를 이루고 있는 세포가 스스로 죽어서 개구리의 성체가 되는 과정에 영양분을 제공하는 역할을 하는 것이다.

성인이 된 후에도 부분적으로 계속 세포자멸사가 일어나는데 이는 몸 전체를 살리기 위해 세포가 자신을 희생하는 경우이다. 한 예로 염증반응으로 이에 대응하기 위해 우리 몸에 생긴 많은 백혈구는 그 역할을 다하다가 염증을 일으키는 자극이 없어지면 백혈구 수는 필요한 만큼만 남아 있고 나머지는 스스로 죽음의 길을 선택하는 이타적인 과정을 볼 수 있다. 몸이 스스로 구조조정에 들어가 몸 전체를 건강하게 유지하도록 하는 것이다. 만일 염증반응이 더 이상은 필요하지 않은데 계속해서 수많은 백혈구가 정상범위를 넘어 대량 존재한다면 백혈구에 의한 세포독성으로 오히려 우리 몸이 피해를 당한다. 그러므로 염증 자극이 사라지면 신속하게 '세포자멸사' 과정을 통해 없어지므로 건강한 몸을 유지하게 된다.

이밖에도 우리 몸에 들어오는 영양분이 부족하거나 물리적인 자극, 화학적인 자극, 산소의 결핍 등 수많은 환경의 변수가 단독적으로 혹은 복합적으로 작용하여 세포의 자멸을 촉발한다. 또한 우리 몸에 불필요한 세포나 병든 세포가 생기면 이를 없애기 위해 '세포자멸사'를 유도하기도 한다. 암이 대표적인 세포로 암세포를 자살로 유도하는 연구가 진행되고 있다. 인체 면역계의 감시망을 피해 계속 살아서 증식을 하여 주위의 장기를 압박하고 파괴하며 영양분을 독식하는 암세포를 스스로 자멸하도록 유도한다면 암 치료에 큰 도움이 될 것이다.

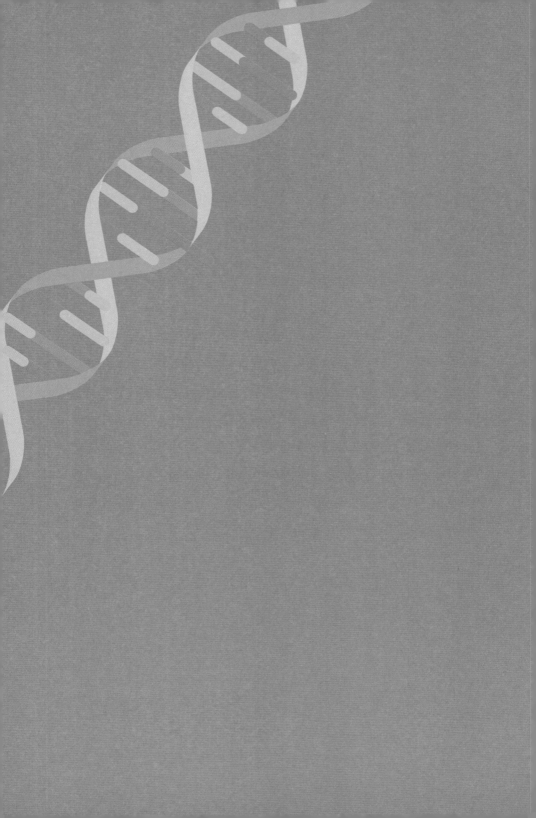

3부

세번째 세포 이야기 세포와 그 일부 소기관에 관한 이야기

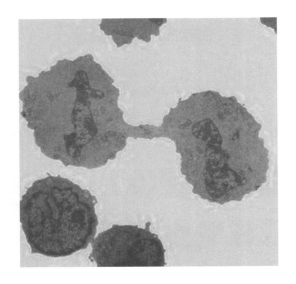

세포분열을 하는 세포의 모습을 전자현미경으로 촬영한 사진으로 아령모양으로 2개의 세포로 나누어지는 백혈구와 그 외 임파구.

개인적 차이는 있지만 하나의 수정난이 어른이 되는데 걸리는 시간은 약 20년에서 25년이 필요한데 이는 하나의 수정난이 세포분열을 시작하여 약 100조 개의 세포가 되는 시간이다.

26. 세포 개체수를 늘리는 세포분열

세포분화 통해 신체구조 만들어져
25년간 평균 100조 개로 분열

다 자란 우리 몸은 약 60조 개에서 100조 개에 이르는 수많은 세포로
이루어졌다. 몸이 큰 사람은 당연히 세포 수가 많고 작은 사람은 세포 수
가 적은 것이 불문가지다. 본래 시작은 각각 하나의 정자와 난자가 만나서
한 개의 수정난이 만들어진 후 세포분열을 시작하여 된 것이다.

수정난의 세포분열을 현미경으로 볼 때 똑같은 2개의 딸세포가 만들어
진 것처럼 보이지만 사실은 정확하게 같은 2개의 세포가 아니다. 약간은
서로가 다른 세포로 분화하다가 나중에는 다양한 구조와 기능을 갖춘 조
직과 기관이 된다. 만일 똑같은 세포로 분열을 거듭한다면 우리의 몸은 처
음과 같은 수정난 세포로만 이루어진 커다란 세포 덩어리에 지나지 않을
것이다. 그렇게 된다면 우리 몸에 존재하는 수많은 세포는 같은 모양과 같

은 기능의 세포로만 이루어지는 끔찍한 일이 벌어진다.

그러나 우리 몸은 피부, 뇌, 심장, 간, 콩팥, 근육, 뼈 등과 같은 여러 종류의 장기와 이를 이루는 다양한 조직과 세포로 이루어졌다. 또한 제 각각의 특유한 구조와 모양은 그 고유의 기능을 할 수 있도록 되어 있다. 세포의 형태를 보면 그 기능을 미루어 짐작할 수 있다. 또 그 기능을 하려면 그런 구조를 갖고 있어야 한다. 우리 몸이 처음 발생단계인 수정란 이후부터 세포분열을 계속해서 똑같지 않은 각각의 세포로 다양하게 분화한 것을 알 수 있다. 특히 배아 시기에 이미 다양한 세포로 이루어졌으며 태아 때에는 발생이 안정적으로 이루어져 세포는 양적 증가와 함께 제법 모양을 갖추고 있어 그 기능을 일부 시작한다. 그러므로 태아에 이르러는 이미 대부분의 신체구조가 세포분열을 통해서 만들어졌다고 볼 수 있다. 또한 태아는 출산을 통하여 세상에 신생아라는 새로운 독립된 신분을 갖는다. 이때는 모체 밖의 낯선 환경에서 모유만으로도 세포분열을 왕성하게 하는데 부족함이 없다.

영아시절부터는 단계별 이유식을 하며 잘 성장한다. 일정기간이 지나면 뇌세포나 심장세포는 크기만 커지지만 세포분열을 통한 수적인 증가를 갖지 않는 것이 특징이다. 이미 평생에 필요한 뇌세포와 심장세포는 다 갖고 태어났기 때문이다. 그러나 피부의 상피세포나 장의 점막상피세포들과 혈액을 만드는 골수 조혈세포는 성체줄기세포를 갖고 있어 평생 세포분열을 통해 필요한 개체수를 채우는 일을 한다. 이들은 왕성한 청소년기를 거쳐 성장이 끝난 이후 노년에서 사망 이전까지 한다. 이 같은 현상은 소모성 세포로서 일정한 기간 수명을 다한 세포는 죽기 때문에 그 빈자리를 계속 충당해야 하기 때문이다.

사춘기라는 때에 이르게 되면 특수한 세포들이 잠재하고 있다가 나타난다. 뇌에서 생식에 관련한 호르몬을 분비함으로 이에 자극을 받은 생식기에서는 정자나 난자가 만들어지기 시작한다. 그러나 노년기의 여성은 폐경기 이후에는 생식세포(난자)의 생성이 멈추지만 남성의 경우는 그 생식세포(정자)의 수가 서서히 감소하여 사망에 이를 때까지 적은 수지만 계속적으로 생산한다. 이처럼 사춘기 때 나타나 세포분열을 일정 세월 하다가 기간이 지나면 퇴행되거나 없어지는 세포도 있다.

개인적 차이는 있지만 하나의 수정난이 어른이 되는데 걸리는 시간은 약 20년에서 25년이 필요하다. 하나의 수정난이 세포분열을 시작하여 약 60조~100조의 세포가 만들어지는 시간이다. 어린 아기일수록 세포분열은 왕성하게 일어나지만 성장이 정지된 어른이 된 이후는 세포분열도 안정적인 상태로 유지된다. 만일 특정 부위에서나 혹은 어느 종류의 세포가 조절되지 않고 계속 세포분열을 한다면 이는 정상세포가 아닌 신체의 조화를 깨뜨리는 암세포의 출현이다. 중년을 지나 노년층에 이르게 되면 세포의 분열 능력이 떨어지며 구조와 모양에 있어서도 위축된 모습을 보인다. 우리 몸은 사는 날까지 생명현상을 위하여 필요한 세포분열을 지속적으로 하는 일에는 정확함이 필요하다.

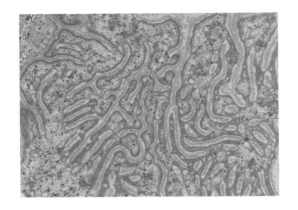

투과전자현미경으로 촬영한 근육과 신경이 만나는 연접이다. 많은 가지모양이 신경의 말단이며 붉은색이 근육이다.

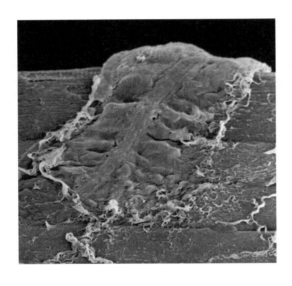

신경의 말단부위가 골격근육(붉은색)에 닿아 있다. 주사전자현미경으로 촬영한 사진

근육과 신경의 접점이 있는 곳이 연접이다...
훈련이 잘된 근육이라도 신경의 도움 없이는 어떠한 움직임이나 그 기능을 발휘할 수 없다.
근육은 신경에 붙어 있을 때만 그 역할을 한다.

27. 신경세포의 끝은 연접으로 접속

잘 쓰면 만들어지고 안 쓰면 없어지는 연접
언제든지 생기고 없어지는 구조조정의 달인, 신경말단

근육은 사람이 원하는 곳으로 신속히 갈 수 있게 하고 위험한 상황에서 몸을 빨리 피신하도록 한다. 잘 훈련되고 강한 근육은 상대를 힘으로 제압해야 할 때도 절대적으로 필요하다. 이렇듯 근육은 자연환경에서 경쟁적으로 살아가는데 아주 중요한 역할을 한다. 물건을 들거나 혹은 운반하는 각종 일에 강한 골격과 함께 근육은 모든 동물에게 없어서는 안 될 세포이다.

모든 움직임에는 정도 차이는 있지만 근육이 사용되지 않는 때는 없다. 때로 큰 힘을 발휘하고 때로는 아주 부드럽고 예민한 감각으로 움직여야 한다. 어떻게 가능할까? 해답은 이를 조절하는 신경이다. 신경과 근육은 아주 밀접한 관계를 갖고 있다. 근육이 움직이는데 신경의 지시가 매우 중

요하다. 불행하게도 근육은 혼자서는 아무런 움직임도 할 수 없다. 신경
전달물질을 통해 명령이 있어야 그 지시에 따라 움직임의 강도와 시간을
조절한다.

근육의 힘은 얼마나 강한 수축력인가에 따라 달라진다. 보다 정교하고
강력한 힘은 평소에 근육을 어떻게 훈련시켰는가에 따라서 달라질 수 있
다. 근육과 신경의 접점이 있는 곳이 연접(사진)이다. 연접은 매우 중요한
부위로 신경전달 물질을 정확하게 받아들이고 많은 양의 정보를 효율적
으로 전달하기 위해 사진에서 보는 것과 같이 많은 가지를 내어 근육 안으
로 인접하고 있다. 근육의 근섬유가 수축하도록 신경에서 전달되어 연접
에서 분비되는 신경물질에 반응한다. 연접은 신경전달 물질을 통해 그에
상응하는 정보를 효율적으로 전달하기 위해 표면적을 최대한 넓게 근육
안쪽으로 접혀 있다. 여기서 전달받은 물질들은 전기신호로 바뀌어 빠르
게 근육에 전달되고 근육은 신속히 수축하게 된다.

운동은 근육과 신경이 정교한 연합된 체계로 이루게 하며 건강한 신체
를 위해서는 적절하고 꾸준한 연습과 훈련이 필요하다. 아무리 튼튼한 근
육이라도 신경의 도움 없이는 어떠한 움직임이나 그 기능을 발휘할 수 없
다. 근육은 신경에 붙어 있을 때만 그 역할을 한다. 만일 신경섬유가 손상
을 받거나 혹은 연접에 이상이 있다면 근육은 마비가 되기도 하며 경우에
따라 쓸모없게 될 수도 있다.

그리스도인이라면 다음과 같이 비유할 수 있겠다. 중추신경은 성부 하나님으로, 중추신경으로부터 신호를 전달하는 신경섬유는 성자 예수님으로 그리고 그 경로로 전달되는 신경 전달물질은 성령님으로 비유될 수 있다. 여기서 근육은 성도로서 성령님을 받아 움직이는 것이라 할 수 있다. 성령님은 불같이 강하고 비둘기처럼 섬세하며 부드러운 힘으로 우리에게 역사하신다. 성도는 성령님이 임하실 때 그 권능이 나타난다.

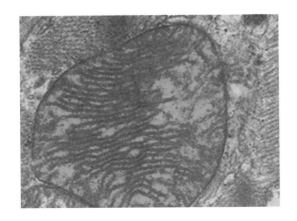

심장근육에 있는 하나의 미토콘드리아(붉은색)를 전자현미경으로 촬영하였다. 2만 배로 확대.

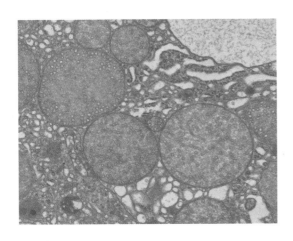

부신에 있는 미토콘드리아

특히 각종 퇴행성 질환의 중심에는 미토콘드리아가 관여하고 있는 것으로 알려져 있다. 우리 몸이 늙는 것도 알고 보면 세포내의 미토콘드리아가 늙어가므로 발생하는 것으로 보는 학자들이 있다.

28. 세포 안에 발전소 미토콘드리아

제 역할 못할 땐 몸이 아파요
영양분 태워 에너지로 바꿔 줘

우리 몸에서 호흡을 담당하는 기관은 폐다. 폐는 몸에 필요한 산소를 공기 중에서 받아들여 심장의 좌심실에서 분출하여 동맥혈관을 통해 그물망 같은 모세혈관으로 온몸의 구석구석으로 전달한다. 그리고 이산화탄소를 정맥혈관으로 이동시켜 심장의 우심방과 우심실을 거쳐 폐로 옮겨와 몸 밖으로 보낸다.

그럼 산소가 동맥혈관을 통해 이동하여 우리 몸의 전 부위로 옮겨가 마지막으로 도달하는 종착역은 어디일까? 그리고 그곳에서는 어떻게 전달될까? 마지막 도달하는 곳은 우리 몸을 이루고 있는 약 60조 개에 이르는 각각의 세포이다. 여기에 도달한 산소는 공기의 특성인 확산이라는 방식으로 세포막을 통해 세포의 내부로 전달된다. 그렇다면 산소를 필요로 하는 곳은 세포의 어디며 세포가 산소를 어떻게 사용하는 것일까? 질문의 귀결은 미토콘드리아다. 여기서 세포 안에 비축한 영양분을 산소와 태워 에너지를 만드는데 사용한다.

전자현미경으로 세포 내부를 들여다보면 수많은 세포 내의 미세 기관이 있다. 그 중에 겉모양은 소시지 모양이고 내부는 도서관의 서재처럼 밀집된 칸막이 구조로 이루어진 많은 주름이 놓여 있는 미토콘드리아가 있다. 일반적으로 하나의 세포에는 종류에 따라서 모양과 크기가 각각 다르지만 평균 미토콘드리아의 수를 세어보면 적어도 50개에서 많으면 2,000개나 된다.

우리 몸에서 미토콘드리아가 많은 세포가 많은 양의 산소를 소모하여 영양분을 태워서 큰 에너지를 만들어 낸다. 예를 들어 다이내믹한 운동을 끊임없이 하는 심장의 근육세포(사진)나 몸에서 대사되는 물질의 분해와 합성 등 500여 가지 일을 수행하는 화학 공장인 간세포, 모든 감각기능과 몸의 기능을 조절하고 통제하는 중추기관으로서 역할과 신경전달물질을 분비하는 뇌세포가 있다. 그리고 신장의 사구체에서 혈액의 노폐물을 제거하기 위해 여과하고 나온 많은 양의 물을 재활용하기 위한 세뇨관을 이루는 세포에 많은 수가 분포한다.

그밖에 미토콘드리아가 많은 세포는 그 기능이 활성화된 세포이다. 이러한 변화는 마치 공장의 증설이나 각종 시설단지의 확대가 필요하면 여기에 소요될 동력을 공급할 발전소가 필요하듯이 세포 내에서도 보다 큰 일을 하려면 미토콘드리아가 많아져야 하기 때문이다. 만일 어떤 원인에서든 세포 내의 미토콘드리아가 자신의 역할을 못하는 장애가 생기면 세포에 에너지가 없어져 그 본분의 역할을 하지 못하게 되고, 결국에는 몸에 질병이 생긴다.

요즘에 미토콘드리아와 관련이 있는 질환으로 당뇨병(제2형), 비만, 암, 파킨슨병(치매의 일종) 등 많은 질환에서 거론되고 있다. 특히 각종 퇴행성 질환의 중심에는 미토콘드리아가 관여하고 있는 것으로 알려져 있다. 우리 몸이 늙는 것도 알고 보면 세포 내의 미토콘드리아가 늙어가므로 발생하는 것으로 보는 학자들이 있다. 물론 모든 질환이 미토콘드리아와 깊은 연관이 있는 것만은 아니다. 그러나 많은 질병의 인과관계 중에서 중요한 위치에 있는 것은 틀림이 없다.

우리의 몸이 그렇듯이 에너지를 만들어 내는 발전소나 시설이 그 기능을 제대로 못한다면 개인이나 가정과 산업시설뿐 아니라 사회의 전반에 거쳐 큰 혼란이 발생할 것이다.

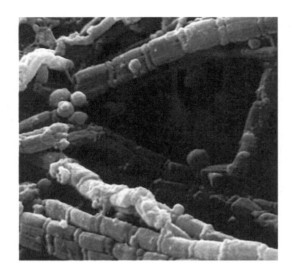

골격근 섬유를 확대한 사진

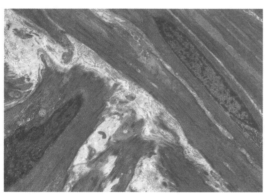

고배율의 민무늬근으로 서로 교
차하고 있어서 오무릴 수 있는
운동을 한다. 조임근으로 내장이
나 항문같은 괄약근에서 발달해
있다.

이 근육은 아주 역동적이지는 않지만 천천히 장기간에 걸쳐 아니 평생토록 스스로 그 역할을
다한다. 그리고 좀처럼 피곤한 줄도 모른다. 또 다른 이름으로는 나의 의지대로 움직일 수 없
으므로 불수의근이라고도 한다.

29. 밋밋하지만 지구력 좋은 민무늬근

내장과 혈관 주위 감싸
연동운동 통해 소화와 혈액흐름 도와

    우리 몸의 근육은 크게 3종류가 있다. 첫째, 가장 강력한 심장근육인 심근이 있다. 심장은 엄마의 자궁 안에서 박동을 시작하여 생을 마칠 때까지 쉬지 않고 박동을 치며 온몸에 혈액을 끊임없이 순환시킨다. 인체 장기 중에서 가장 분주하고 역동적인 펌프 기관이다. 잠을 잘 때는 약하고 느리게 그러나 달리기를 할 때나 가슴 졸이며 있을 때는 빠르게 일한다.

    둘째, 나의 의지에 따라서 움직일 수 있는 골격근이다. 주로 뼈에 붙어 있는 가로무늬근은 우리가 운동을 계속하면 세포질이 잘 발달하여 눈으로 보아도 커진 것을 알 수 있다. 팔뚝에 근육을 자랑하거나 가슴의 근육을 보이는 등 남성의 육체미는 잘 발달한 골격근인 가로무늬근이다. 이 근육은 단시간에 큰 힘을 발휘할 수 있으나 오래 활동하지 못하고 때로는 쉽게 피곤하고 지쳐서 움직이지 못할 정도로 피로하다. 그러나 그 피로를 회복하면 곧 전과 같이 움직일 수 있다. 이 근육은 쇠고기를 장조림 한 맛있는 근육조직의 실같이 나누어지는 섬유와 같다.

셋째, 내장과 혈관 주위를 싸고 있는 밋밋하고 평평해 보이는 민무늬근(사진)이 있다. 평활근이라고도 하는데 앞에서 설명한 근육들과 비교하여 크기도 작고 운동력도 작아서 골격근의 대략 3분의 1밖에 되지 않는다. 또한 골격근처럼 울퉁불퉁하게 밖으로 돌출되어 육체미를 자랑할 만큼 겉으로 드러나지도 않는다. 우리 몸 내면에 깊숙이 있는 위장, 소장, 대장을 감싸고 있어서 내장근이라고도 하는데 이는 우리가 먹은 음식물이 잘 섞이고, 잘 내려가도록 연동운동을 해주고 있어서 다른 근육에 비교하면 조용한 근육이다. 만일 이 근육이 가만있거나 잘못 운동한다면 우리는 이를 소화불량 혹은 체했다고 보면 된다. 음식물이 도무지 내려가지 않기 때문이다. 속이 답답한 노릇이다. 물론 소화불량을 일으키거나 변비를 유발하는 것은 이 밖에도 많은 변수가 있을 수는 있다.

이 근육은 아주 역동적이지는 않지만 천천히 장기간에 걸쳐 아니 평생토록 스스로 그 역할을 다한다. 그리고 좀처럼 피곤한 줄도 모른다. 또 다른 이름은 나의 의지대로 움직일 수 없어서 불수의근이라고도 부른다.

골격근은 말초신경이 닿아 있어 나의 의지에 따라 움직이지만 민무늬근은 자율신경의 지배를 받는 것이 그 특징이다. 또한 이 민무늬근은 가로

무늬근과는 다르게 혈관을 감싸고 있는데 특별히 굵은 동맥혈관을 잘 감싸고 있다.

　우리의 삶에도 심장처럼 분주하고 역동적인 운동을 하는 사람도 있고 가로무늬근처럼 신체를 이동시키며 때로는 필요에 따라 나의 의지대로 신속하게 움직이게 하는 근육과 같은 사람도 있다. 그러나 민무늬근처럼 평생에 거쳐 꾸준히 보이지 않는 곳에서 자신의 역할을 다하는 근육과 같은 사람도 있다. 그 근육들은 나름대로 자기의 역할과 기능이 있는 것이다. 그러므로 그리스도의 몸을 이루는 모든 지체들은 일의 분담과 협력을 통해 이 몸을 건강한 몸으로 세워 나아가야 할 것이다.

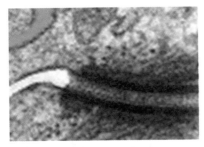

2개의 세포경계 사이에 다리모양으로 존재하는 부착반을 투과전자현미경으로 4만배로 확대한 사진이다.

피부의 세포 사이를 연결하는 부착반

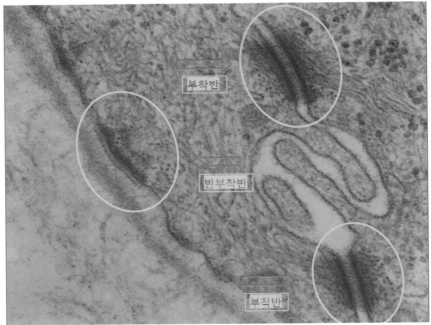

부착반

반부착반

부착반

상피세포는 뼈와 같이 강한 구조는 아니지만 몸의 보호막이며 방어막으로 맡은 일을 감당한다. 소화기계, 호흡기계, 생식기계, 피부의 상피세포는 영양분 흡수, 분비, 물질합성, 방어 등 역할을 다한다. 세포의 입장에서 강한 결손을 가진 이 부착반이 있으므로 그 기능을 다 할 수 있다.

30. 세포들의 연결다리가 되는 부착반

"변화나 충격에도 끄떡없어요"
세포 사이에 다리 역할은 물론 지지까지

공기와 직접 닿은 곳에 존재하는 세포를 상피세포라고 한다. 대표적인 것이 피부세포이며 소화기계, 호흡기계, 생식기계 등이 외부의 공기와 접촉하는 부위이다. 또한 여기에 잘 발달된 외분비를 담당하는 장기도 상피세포로 이루어졌다. 이들 세포는 외부의 물리적, 화학적인 자극에 대하여 다른 세포들보다 잘 견디며 수많은 종류의 감염성 세균에도 대항할 수 있는 중요한 방어막이자 보호막이 된다. 그러나 때로는 상처가 나면 보호하는 방어막이 깨진 것으로 이곳으로 세균이 감염되는 일이 생긴다.

가장 강한 충격을 받는 상피세포는 손바닥과 발바닥으로 어느 부위 보다 잘 견딘다. 우리가 힘껏 박수를 쳐도 손바닥은 무사하다. 발바닥은 걷고 뛰어도 뭉개지거나 찢어지지 않는다. 이들은 상피세포 사이에 견고한 결합을 이루고 있다. 그리고 세포질 안에 충격에도 견디는 골격 같은 구조가 지탱해 준다. 이웃 상피세포와 연결되며 충격을 분산하는 접점이 되는 곳이 부착반(사진)이다. 물리적 자극이나 충격이 강한 곳에는 부착반의 개체수가 많다.

앞에서 이야기했듯이 손바닥과 발바닥의 상피세포를 현미경으로 관찰하면 세포 사이에 지퍼처럼 보이는 수많은 부착반을 볼 수 있으며 양쪽 세포가 반부착반으로 공유한다. 상피세포는 미세사라는 골격 구조로써 아주 작고 가느다란 실 같은 구조와 연결되어 있어 세포의 형태를 유지하며 외부의 힘을 골고루 분산시키는 일을 한다. 그러므로 외부의 충격을 분산시키므로 손상을 막아주는 중요한 역할을 한다.

이와 같은 부착반이 관찰되는 세포라면 상피세포이며 다른 내피세포와 분명히 구분된다. 만일에 심한 충격으로 세포가 견디지 못하고 파괴되어도 이웃 세포와 경계인 부착반은 훼손되지 않는다. 세포의 다른 부위가 찢어지고 파괴될지라도 부착반은 그대로 유지하는 것을 보면 매우 견고한 결합구조라는 것을 알 수 있다. 뿐만 아니라 세포 사이에 중요한 의사전달의 통로이기도 하다.

한편 우리 몸의 단단한 골격을 이루고 있는 뼈나 치아의 시작은 골세포가 칼슘과 인을 계속 침착해서 단단하지만 피부처럼 부드럽고 주름 접히는 것처럼 유연하지는 않다. 치아는 오래 사용하면 닳거나 마모되며 충치로 될 수 있으며 최악의 경우는 빠지는 일도 생긴다. 그리고 뼈는 단단하지만 큰 충격에 깨지거나 부러지는 경우도 발생한다. 그러나 상피세포는 뼈와 같이 강한 구조는 아니지만 몸의 보호막이며 방어막으로 맡은 일을 감당한다. 앞서 이야기한 소화기계, 호흡기계, 생식기계, 피부를 이루는 각종 상피세포는 영양분 흡수, 분비, 물질합성, 방어 등 역할을 다한다. 세포의 입장에서 강한 결속력을 가진 이 부착반이 있으므로 그 기능을 다 할 수 있는 것이다.

우리의 삶도 이웃과 함께 연결해주고 묶어주는 보이지 않는 강한 연결끈이 있어 서로 의사소통하며 살아간다. 신앙생활에서도 우리에게는 보이지 않는 부착반이 있다는 것을 잊지 말아야 한다.

전자현미경으로 확대한 피부의
표면

좋은 피부와 탄력은 젊음을 상징하며 건강을 표시한다. 그러므로 피부는 우리의 건강상태뿐
만 아니라 노화정도를 알려주는 일종의 잣대가 된다.

31. 나이와 건강상태를 알 수 있는 피부

"외부자극으로부터 몸을 보호해요"
건강상태 노화정도 알려주는 바로미터

　우리 몸에서 가장 큰 기관이라면 소화기관 중에서도 수많은 종류의 일을 하는 당연히 간이라고 할 수 있다. 성인 기준으로 간의 무게가 약 1.5kg이나 되니 그렇게 생각할 수 있다. 그러나 이는 우리 몸의 밖을 덮고 있는 피부를 생각하지 않은 것이다. 전체 피부를 합하면 무게는 3kg이 넘는다. 그리고 그 면적은 개인의 차이가 있지만 대략 1.6~1.8평방미터이다.

　자연계의 모든 생명체는 각각의 다양한 구조와 모양을 하고 있으나 외부와 접촉하는 곳은 막이나 껍질과 같은 구조로 싸고 있다. 사람의 경우도 마찬가지로 피부는 얇고 넓으며 주어진 여러 가지 기능이 있다. 주요한 기능은 우리가 잘 알고 있듯이 어느 정도 외부의 물리적 충격이나 화학적 자극에 대하여 완충하는 것으로 극복할 수 있다.

웬만한 상처 같은 외상이 생겨도 시간이 지나면 자연히 낫는다. 뜨거운 물질이나 추위 등 차가운 물질에도 견뎌낸다. 뿐만 아니라 내부의 몸의 온도가 과열되면 땀을 만들어 체외로 배출함으로써 수분의 기화로 몸의 온도를 적정하게 유지한다. 추울 때는 웅크리고 소름을 돋게 하여 체열의 방산을 줄이려 한다. 피부는 항상 외부의 충격이나 온도 변화에 대하여 완충 역할을 한다. 체표를 덮고 있는 수많은 털이나 머리카락도 알고 보면 피부의 일부이며 손톱과 발톱도 피부가 특수하게 각질화된 것이다.

우리의 감각 중에 시각과 청각, 후각을 제외한 감각은 주로 피부의 넓게 산재한 촉점, 온점, 냉점, 통점이라는 감각 수용기를 통하여 뇌에 전달한다. 피부 1평방 센티미터 당 촉점 25개, 온점 3개, 냉점 20개, 통점 200개 정도가 분포돼 있는 것으로 알려져 있다. 이들의 감각은 우리의 몸을 보호하도록 항상 깨어 있어서 깊은 잠에서도 위급할 때는 뇌에 전달하여 우리가 주의하고 피할 수 있도록 한다.

좋은 피부와 탄력은 젊음을 상징하며 건강을 표시한다. 그러므로 피부는 우리의 건강상태뿐만 아니라 노화 정도를 알려주는 일종의 잣대가 된다. 겉으로 드러나는 모습을 보고 우리는 쉽게 한 사람의 나이와 연륜을 가늠해 본다. 오랜만에 만난 지인에게 우리는 그 사람의 피부 상태나 주름을 보고 안부를 묻고 걱정한다. 이는 그 사람의 과거 혹은 현재 상태를 밖으로 드러난 피부를 보며 이야기하는 것이다. 피부는 한 사람의 인상을 정해주는 일도 한다. 외모에 대한 지나친 관심도 알고 보면 피부가 그 중심에 있으며 상품화한 각종 화장품도 피부를 보호하고 그 아름다움과 건강을 유지하기 위함이다.

이렇듯 피부는 겉으로 드러난 인체의 장기로서 중요한 영역이다. 때로 피부는 우리가 살아온 역사로써 우리가 살아온 상태를 그대로 나타낸다. 요즘은 겉으로 보이는 피부를 아름답고 건강하도록 가꾸어가는 노력을 한다. 그러나 기독교인은 그 내면의 아름다움과 거룩한 삶이 표출되도록 하는 일이 중요하다.

"오늘 있다가 내일 아궁이에 던져지는 들풀도 하나님이 이렇게 입히시거든 하물며 너희일까보냐 믿음이 작은 자들아"(마 6:30)
"사람은 외모를 보거니와 나 여호와는 중심을 보느니라"(삼상 16:7)

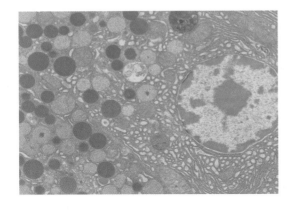

췌장의 선방세포 하나를 투과전 자현미경으로 촬영한 사진으로 진한 색의 수많은 작은 둥근 과립이 분비하기 전 세포 안의 소화효소

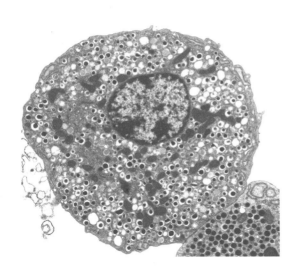

수많은 인슐린 과립을 가진 췌장의 한개의 베타세포이다. 만일 베타세포가 인슐린을 만들지 못하면 제1형 당뇨병이 된다.

호르몬에는 적당한 시기에만 분비하는, 다시 말해 시간제한이 있는 호르몬이 있다. 어린이처럼 한참 성장해야할 때는 성장호르몬이 분비된다. 사춘기가 되면 성호르몬이 분비가 시작되어 남자는 남성답게, 여자는 여성답게 신체가 발달한다.

32. 우리 몸의 수많은 작은 샘들

호르몬 분비로 우리 몸 항상성 유지
기능 따라 성장 소화 등 역할도 다양

우리 몸에는 현미경으로 보아야 겨우 보이는 작은 샘들이 있다. 그러나 현미경으로 관찰하여도 볼 수 없는 것들도 있다. 먼저 혈관 안으로 뇌와 각 기관에서 호르몬을 분비하는 각종 샘을 내분비샘이라 한다. 반면에 눈물을 흐르게 하는 눈물샘과 피부에서 땀을 흘리게 하는 땀샘이나 입안의 타액(침샘)처럼 음식과 관련된 것으로 소화를 돕는 각종 소화액이 배관을 통하여 분비하는 샘을 외분비샘이라고 한다.

내분비샘은 신체를 통일되고 조화롭게 하는 기능을 위해서 호르몬을 분비한다. 특히 뇌에서 분비하는 호르몬은 중추적인 역할을 하는데 인체의 세포에서 분비하는 각종 호르몬을 조절하고 통제함으로 몸의 항상성을 유지한다.

호르몬에는 적당한 시기에만 분비하는 시간에 제한을 받는 호르몬이 있다. 어린이처럼 한참 성장해야 할 때는 성장호르몬이 대량 분비된다. 사춘기가 되면 성호르몬의 분비가 시작되어 남자는 남성답게, 여자는 여성답게 신체가 발달한다. 만일 때가 되었는데도 적정량의 호르몬이 분비되지 못한다면 신체에 이상이 온다. 호르몬은 너무 많아도 안되며 적어도 안된다. 호르몬의 양은 극히 소량이지만 전체 신체에 미치는 영향은 실로 대단하다. 만일 성장호르몬이 과잉 분비되면 거인증에 걸리고 부족하게 되면 왜소증에 걸린다. 또한 성장 시기가 지나 어른이 되어 성장이 멈춘 상태에서도 계속해서 성장호르몬이 분비가 된다면 말단거대증이라는 외모의 변화와 통증이 유발된다.

다음으로 평생 분비하며 혈액의 당을 조절해 주는 호르몬이 있다. 이자(췌장)에서 나오는 '인슐린'과 '글루카곤' 호르몬이다. 매일같이 음식을 통하여 들어온 혈액 안의 당을 조절해 줌으로 세포에 영양분을 적절히 공급하는데 도움을 주는 호르몬이다.

마지막으로, 상황에 따라서 일시적으로 분비되는 호르몬으로 갑자기 격한 감정이 발생했을 때는 몸을 보호하기 위해 뇌의 뇌하수체에서는 이에 상응하는 호르몬을 분비하며 콩팥(신장) 위에 있는 부신을 자극하여 '아드레날린' 호르몬을 분비한다. 이는 강력한 분노의 호르몬이라고 하는 스트레스 호르몬인데 비슷한 '노르아드레날린'과는 구분된다.

외분비샘은 일평생 분비하는 것으로 상황에 따라서 많은 양을 일시에 분비하는 땀이나 눈물도 있지만 일정한 양을 항상 분비하는 일이 일반적이다. 또한 학습에 의한 자극에 반응으로 음식을 보면 혹은 냄새를 맡게 되면 입안에 침이 고이는 현상도 있다. 소화샘 중에는 음식물을 분해하고 소화하는데 중요한 일을 하는 이자샘이 있다. 여기서는 다양한 종류의 소화효소를 분비하여 우리가 먹은 음식이 십이지장을 지나갈 때 음식물에 골고루 섞여 소화가 되도록 한다. 이자에는 선방세포(사진)가 소화효소 과립을 만들어 세포 안에 보관하고 있다가 소화관으로 분비한다. 선방세포가 해야 할 일은 평생 소화효소를 만드는 일이다. 그러므로 소화를 도와 음식물이 소장에 잘 흡수되도록 한다.

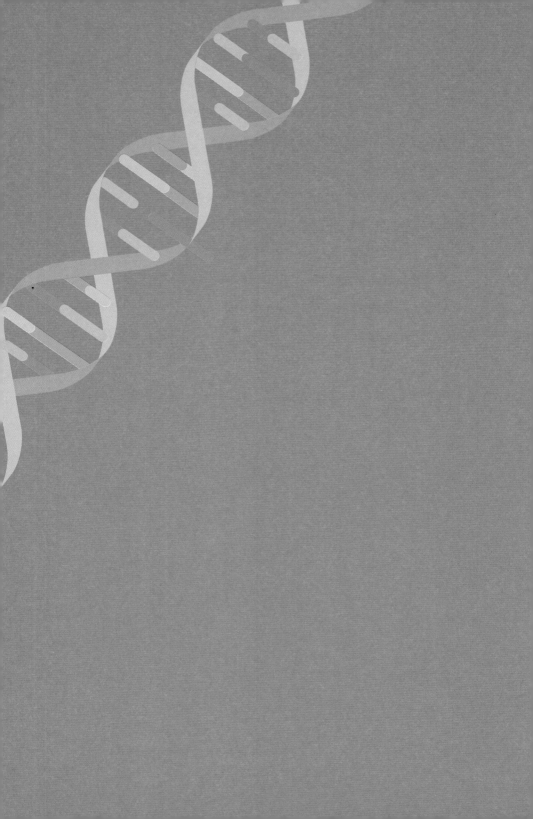

4부

네 번째 세포 이야기
특수하고 예민한
감각 세포들

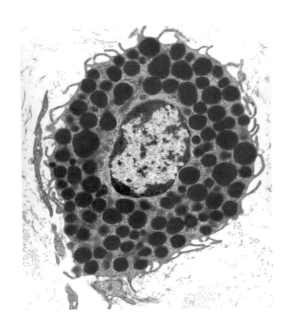

하나의 비만세포를 투과전자현미경으로 촬영한 사진으로 세포질에 수많은 둥근과립은 통증을 유발하는 히스타민이다.

이 세포는 호흡기, 피부, 혈관 주위의 지지조직에 흩어져 존재하는데 평소에는 얌전히 있다가 앞에서 나열한 상황에 대하여 빠르게 작용함으로 건드리면 터지는 부비트랩 같은 지뢰세포이다.

33. 통증을 유발하는 비만세포

일종의 특수 화학 전달물질로 주변 세포 자극
혈액 속의 면역 관련 백혈구 모아 면역반응 유도

감기에 걸렸음을 초기에 느끼는 현상 중에는 몇 번의 재채기 이후에 맑고 투명한 콧물이 주체할 수 없이 흐르면서 콧속이 화끈거리며 때로는 미열과 함께 몸이 무겁고 거북한 상태가 되는 것이다. 몹시 추운 날, 밖에 서 있으면 귓속이 아프게 저려오는 현상을 경험한다. 벌에 쏘이거나 벌레에 물린 곳은 물론이고 작은 상처에도 그 부위가 붉게 변하여 붓고 가렵거나 아프며 열이 난다. 눈에 알레르기 반응이 일어나면 눈이 충혈되며 가렵고 계속해서 눈물이 난다.

이와 같이 앞에서 나열한 증세의 중심에는 비만세포(사진)가 있다. 그러나 혹시 이름이 비만세포여서 살이 쪄 비대해진 지방세포의 일종이거나 또 다른 이름으로 생각한다면 그건 큰 오해이다. 지방세포와는 성격이 다른 것으로 과거 현미경으로 관찰하면 세포질 안에 큰 과립이 가득 차 있어서 붙여진 이름이다.

엄밀하게 말하면, 태생이 백혈구의 일종으로 발달하여 특성화된 세포이다. 이 세포의 과립은 외부로부터 감염이나 외상과 같은 자극에 민감하게 반응하여 몸 전체 혹은 일부에서 비상 상황을 촉발시킨다. 이러한 반응은 우리 몸을 원래대로 복구하여 회복하기 위한 초기 대응으로 비만세포는 가지고 있는 크고 둥근 구형의 과립을 밖으로 방출함으로 주변의 염증세포에게 자극을 준다. 이 세포는 호흡기, 피부, 혈관 주위의 지지조직에 흩어져 존재하는데 평소에는 얌전히 있다가 앞에서 나열한 상황에 대하여 빠르게 작용함으로 건드리면 터지는 부비트랩 같은 지뢰 세포이다.

비만세포가 태어난 곳은 뼛속이지만 혈관으로 나와서 순환하다가 혈액의 흐름이 느려진 작은 혈관에 이르러서는 혈관 벽에 바짝 붙어 내부 벽을 이루는 내피세포의 이웃 경계면을 살짝 비집고 들어가 혈관 밖으로 통과하고 주변의 지지조직 내로 이동하여 자리를 잡는다. 모든 백혈구 출신들이 그러하듯 비만세포도 혼자서 잘 찾아다니며 위에서 설명했듯이 비상 상태가 발생하면 무시무시한 세포 내의 과립을 밖으로 내보내어 터뜨린다.

비만세포가 가지고 있는 과립성 무서운 폭탄은 무엇이며 어떤 역할을 하기에 그 주변을 온통 어수선하게 만들까? 이 과립은 히스타민이라는 성분으로 혈관을 확장하여 혈액 흐름을 늦추어 혈액 속의 면역 관련 백혈구를 모이게 해서 면역반응을 유도한다. 그러나 이와 같은 현상은 일반적으로 주변의 신경까지 자극하여 통증을 느끼게 한다. 이 상황을 우리가 느낄 수 있는 것은 단지 불편과 통증이다. 비만세포는 고통을 동반하지만 이러한 과정을 통해 다시 건강하고 정상적인 세포들로 회복을 위한 초기 대응으로, 인체의 치유와 회복에서 없어서는 안 되는 중요한 세포이다.

성경에 "우리가 환난 중에도 즐거워하나니 이는 환난은 인내를, 인내는 연단을, 연단은 소망을 이루는 줄 앎이로다"(롬 5:3~4)라는 말씀이 있다. 이처럼 누구나 인생의 삶에서 겪는 상한 마음과 고통은 장래에 회복과 기쁨에 대한 소망을 이루어 가는 과정이다. 우리의 몸이 상처를 치유하는 과정처럼 우리는 다만 인내하며 기도해야 한다.

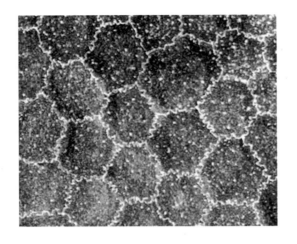

눈의 망막 안쪽에 6각형 세포들

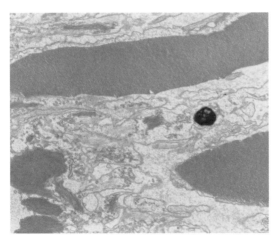

망막에서 빛을 감지하여 전기신
호로 바꿔 주는 막대세포와 원뿔
세포 일부를 투과전자현미경으
로 촬영한 사진

눈은 중추신경인 뇌에서 가장 밖으로 노출된 일부로써 밀폐된 머리뼈의 시신경 구멍을 통해
수정체를 통해 볼 수 있는 마음이다.

34. 인체 감각 중에 눈이 보배

몸에서 유일하게 빛 감지하는 특수 기관
눈은 중추신경인 뇌의 일부로 볼 수 있어

인체의 감각 중에서 가장 중요하다고 볼 수 있는 곳은 눈이다. 우리말에도 '눈이 보배다'라는 말이 있다. 눈이 귀중하다는 뜻이다. 우리가 삶에서 얻는 정보의 약 70-80%가 눈을 통하여 얻어진다. 또한 "눈은 마음의 창문이다"라는 말이 있다. 작은 눈을 통해서 밖의 세상을 볼 수 있다는 뜻이며 반대로 눈을 통하여 그 사람의 마음을 엿볼 수 있다는 뜻이다.

이 말은 매우 과학적인 표현이다. 눈은 중추신경인 뇌의 일부로 밀폐된 머리뼈에서 밖으로 연결되어 노출된 신경으로 신체의 가장 밖까지 나와 있어서 뇌의 일부로 볼 수 있다. 반대로 상대방의 눈을 통해서 그 사람의 마음을 볼 수 있다는 뜻이다. 사람을 처음 만나 눈을 마주치는 순간 우리는 상대방의 감정이나 인상을 읽어 본다.

뿐만 아니라 우리는 눈을 통하여 본능적으로 판단하고 이에 반응한다. 초롱초롱한 눈빛, 맑은 눈빛은 사랑과 기쁨을 준다. 눈은 중요한 만큼 뇌에서도 시각중추가 차지하는 영역은 어느 감각중추보다 크다. 그러나 사람의 눈은 빛이 없으면 기능을 못한다. 우리 몸의 다른 감각은 빛이 없어도 냄새를 맡을 수 있으며 소리를 들을 수 있다. 그러나 눈은 빛이 없으면 맹인과 다를 바 없다. 눈은 인체 중에서 유일하게 빛을 감지할 수 있는 특수하고 정밀한 기관이다.

사람이 볼 수 없는 것은 눈의 장애가 있거나 빛이 없는 경우이다. 성경은 우리에게 하나님의 말씀을 다음과 같이 빛으로 표현한다. "주의 말씀은 내 발에 등이요 내 길에 빛이니이다"(시 119:105) 좋은 눈이 있어도 빛이 있어야 볼 수 있듯이 삶에서는 말씀이 빛이 되어야 한다.

눈은 빛이 들어와 통과하는 여러 층이란 구조물이 있는데 그중에 중요한 곳이 망막이다. 마치 카메라의 필름과 같은 기능을 한다. 우리 몸의 망막은 빛을 감지하여 전기 신호로 바꿔주는데 일회용 필름이 아닌 평생 무료로 사용이 가능한 시신경세포이다. 망막의 신경세포에는 밝기를 느낄 수 있는 간상(막대)세포와 색을 보는 원추(솔방울)세포가 있다.

우리가 물체를 정확하게 인식하려면 충분한 밝기의 조명이 원추세포를 자극하여 전기신호로 바꿀 수 있어야 한다. 우리는 자연계에서 눈을 통하여 물체와 색을 분별할 줄 안다. 그러나 지구 상의 많은 종의 동물은 흑백

이미지만을 볼 수 있으며 색을 인식할 수 있는 동물의 종은 소수에 불과하다. 하나님의 형상을 닮은 우리는 하나님의 아름다운 세상을 관조할 수 있으며 창조세계에 청지기적 사명으로 산다. 하나님께서도 만물을 창조하신 후 바라보시며 기뻐하셨다.

"하나님이 보시기에 좋았더라"(창 1:4,10,18,21,25)

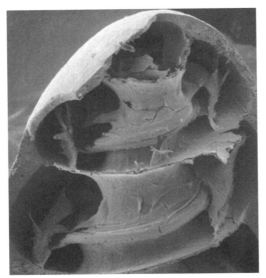

귀의 달팽이관 껍질을 깨고 내부를 들여다 본 전자현미경 사진

청신경세포의 감지센서 털

달팽이관 안에는 맑고 투명한 물 같은 림프액이 가득 차 있다. 소리가 달팽이관 안의 림프액을 미세하게 움직이게 한다. 내부에는 위로 올라가는 나선형의 테두리가 있으며 이 테두리를 덮고 있는 약 1만2000개의 청세포가 있어서 소리에 의한 진동을 전기신호로 바꾸어 청신경으로 통하여 뇌에 전달한다.

35. 달팽이관의 음향조율사 청신경세포

중이의 이소골 지나 달팽이관으로 소리 전달
청색포는 1초에 수천번 진동해 소리 강약 조율

　우리가 듣는 소리의 경로는 음파가 귀 바퀴(외이)를 지나 귓구멍으로 들어가면 어둡고 약간 굽은 터널을 지나 귓구멍을 막는 두께가 0.1㎜인 고막을 만난다. 상대방의 대화를 잘 듣지(이해) 못하면 우리는 "귀가 막혔니?" 하고 핀잔을 주지만 사실 귀는 외이에서 중이로 통하는 중간에 고막이라는 얇은 막으로 막혀 있다. 그러나 이 고막은 소리를 진동함으로 안으로 전달할 뿐만 아니라 외부로부터 먼지나 세균, 물 등과 같은 이물질로부터 중이와 내이를 막아주는 보호막 역할도 한다.

　소리는 중이의 이소골을 지나면서 20배로 증폭되고 내이에 이르러 단단한 뼈로 이루어진 두 바퀴 반을 감아 도는 나선형의 달팽이관(사진)으로 전달된다. 이는 실제 달팽이집 모양과 비슷하여 한자로도 와우관이라고도 한다. 달팽이관 안에는 맑고 투명한 물 같은 림프액이 가득 차 있다. 소리가 달팽이관 안의 림프액을 미세하게 움직이게 한다. 내부에는 위로 올라가는 나선형의 테두리가 있으며 이 테두리를 덮고 있는 약 12,000개의 청세포가 있어서 소리에 의한 진동을 전기신호로 바꾸어 청신경으로 통하여 뇌에 전달한다.

이 청세포는 특이하게 생긴 한 줄로 이어지는 1자형과 3줄의 V자형의 미세한 털을 가진 특수한 모양의 세포이다. 한 줄로 이어지도록 가지런하게 울타리를 나선형으로 치고 있는 1자형 청세포는 약 3,500개로 안쪽의 청세포이며 기저부의 나선형 축인 넓고 큰 둘레가 높은 소리를 듣기 위한 곳이며 위쪽으로 감아 올라 갈수록 낮은 소리를 들을 수 있다. 각각의 안쪽 청세포는 듣는 영역이 달라서 다양하며 높낮이가 다른 영역의 소리를 들을 수 있다.

그리고 밖의 V자형 세포는 첫째 줄, 둘째 줄, 셋째 줄이 일정한 간격으로 나란히 있는 세포로서 소리의 크기를 조절하며 이웃에 있는 한 줄로 이루어진 1자형 청세포보다도 세포 수가 약 3배가 더 많다. 이 세포들의 기능은 작은 소리는 증폭시키고 큰 소리는 진동을 작게 하는 조율 기능을 한다. 청세포에는 현미경으로 볼 수 있는 작은 털이 있어 1초에도 수천 번씩 빠르게 진동을 하는데 여기서 소리의 강약을 조율한다. 큰소리는 약하게, 약한 소리는 강하게 증폭을 조절함으로 무리 없이 소리를 청신경을 통해 뇌로 전달된다.

만일 달팽이관이 아닌 단일한 층으로 이루어져 있고 나선형의 높낮이가 없는 구조라면 우리는 일부 영역의 소리만 듣는다. 달팽이관 같이 나선 모양이 있어서 높낮이가 다른 다양한 소리를 듣고 아름다운 음악과 기쁜 소식을 들을 수 있다.

성도는 예수 그리스도에 관한 복음을 전해 듣는다. 믿음 생활의 시작은 먼저 성경말씀을 듣는 것이다. 문자 그대로 복(福)된 소리(音)를 복음(福音)이라고 한다. "믿음은 들음에서 나며 들음은 그리스도의 말씀으로 말미암았느니라"(롬 10:17) "귀 있는 자는 들을지어다"(마 13:9)라는 성경말씀처럼 하나님은 우리에게 복된 소식을 들려주시기 위해 소중한 귀를 주셨다.

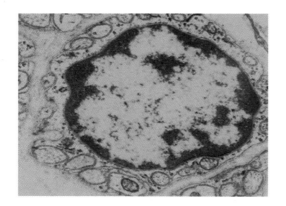

하나의 자율신경세포의 전자현
미경사진. 청색= 자율신경세포
의 핵

자율신경은 내 마음대로 쉽게 조절이 불가능하다...
자율신경은 자극에 의한 심장의 박동 수 증가, 호흡 수 증가, 소화액 분비 감소, 땀 증가를 촉
진하는 교감신경과 이들의 반응에 대하여 억제하는 부교감신경으로 나누어지는데 서로 반
대되는 대사 작용을 통하여 감정에 따른 몸을 조절하고 보호하는 특별한 신경이다.

36. 스스로 알아서 조절하는 자율신경

인체의 모든 활동과 각종 호르몬 분비 조절
균형 깨지면 내장기관 장애, 정신적 질환 발생

　자율신경(사진)은 가슴과 배안에 있는 주요 내장기관과 전신에 그물처럼 퍼져 있는 혈관의 주위에 있어 자율적으로 몸을 조절하는 기능을 한다. 운동신경이라면 나의 자유의지에 따라서 걷기도 하고 달리기도 할 수 있으며 물건을 들어 올릴 수도 있다. 이와 같은 가능한 범주 안에서 할 수 있는 것은 자유의지에 따라 움직임과 멈춤을 통제할 수 있다. 그러나 자율신경은 내 마음대로 조절이 불가능하다. 예를 들면, 심장의 박동을 나의 생각에 의해서 멈추게 하거나 속도를 조절할 수 없다. 일단 우리가 섭취한 음식도 소화되는 과정을 마음대로 멈추거나 속도를 조절할 수가 없다.

　우리가 환경이나 대인관계, 시각, 청각, 후각, 미각, 촉각 등 감각에 대한 어떤 심리적 영향을 받는다면 감정에 영향을 준다. 조용한 음악을 들으면 마음이 고요해지며 시끄러운 소리나 원치 않는 소리를 들으면 마음이 불안해진다. 칭찬을 들으면 마음이 기쁘며, 원망하는 마음이나 질시하는 마음이 생기면 마음이 불편해진다. 이러한 감정에 대한 인체의 반응은 심혈관과 내장기관이 영향을 받는다. 한편 이러한 감정은 나의 의지대로 억누르거나 조절이 쉽지 않을 수 있다. 경우에 따라서는 감정을 감추지 못하며 감정조절이 내 마음대로 안 될 때도 있다. 사랑하는 마음, 기쁨과 슬픔, 열정과 무기력 등은 자율신경에 영향을 준다. 이때 이러한 반응에 대하여 본인의 자유의지와 상관없이 느끼고 스스로 조율하는 것이 자율신경이다.

자율신경은 자극에 따라 심장의 박동 수 증가, 호흡 수 증가, 소화액 분비 감소, 땀 증가를 촉진하는 교감신경과 이들의 반응에 대하여 억제하는 부교감신경으로 나누어지는데 서로 반대되는 작용을 통하여 감정에 따른 몸을 조절하고 보호하는 특별한 신경이다. 자율신경의 역할은 인체의 오장육부의 활동과 성생활과 각종 호르몬의 분비를 조절하는 중요한 신경이다. 일상에서 운동신경은 일을 할 때와 쉴 때가 있다. 그러나 자율신경은 생명과 직결된 심장의 박동이나 호흡과 같이 멈춤이 없이 항상 작동하는 기관에 관여한다. 그러므로 호르몬 분비와 같은 생리적 기능을 조절하는 신경으로 밤에도 항상 깨어 있어서 생명현상을 조절한다.

균형 잡히고 안정된 감정은 자율신경을 건강하게 하고 평온한 몸을 유지하는데 중요하다. 만일 어떠한 이유이든 자율신경의 균형이 깨어져 너무 한쪽으로 심하게 치우침이 장기간 지속된다면 우리의 몸은 심혈관 질환과 내분비 기관 이상, 과민성 대장염 등 내장기관에 장애나 질환이 발생할 수 있다. 또한 정신적 질환이 생길 수도 있다. 좋은 감정이 자율신경을 건강하게 하고 이에 잘 조절되는 몸은 건강한 기능을 한다. 한편 자가면역 질환의 문제도 자율신경의 무질서가 만든 일이라고 생각할 수 있다.

성도의 삶은 한쪽으로 치우치지 않도록 균형을 맞추는 삶이다.

"그런즉 너희 하나님 야훼께서 너희에게 명령하신 대로 너희는 삼가 행하여 좌로나 우로나 치우치지 말고 너희 하나님 야훼께서 너희에게 명령하신 모든 도를 행하라 그리하면 너희가 살 것이요 복이 너희에게 있을 것이며 너희가 차지한 땅에서 너희의 날이 길리라"(신 5:32-33).

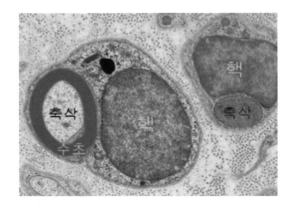

수초의 횡단면 사진.
왼쪽 붉은색 바탕의 신경세포는 축삭(보라색) 주위에 치밀한 수초를 갖고 있고 오른쪽 노란색 바탕의 신경세포는 축삭(보라색) 주위에 미완성의 한 줄(겹)의 수초가 보인다.

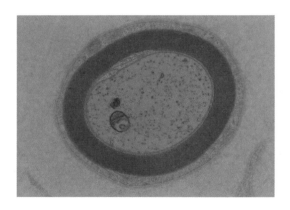

신경세포의 축삭(붉은색)을 두텁게 감싸는 수초는 자체 정보의 손실이나 외부의 침입을 막아주는 보호막이다. 투과전자현미경으로 20,000배 확대한 사진.

동물 중에는 송아지처럼 태어나자마자 걷고 심지어 뛰어다니는 새끼가 있다. 이들 동물은 특이하게도 신경세포의 수초가 완성된 상태로 태어났기 때문에 태어나자마자 활동이 가능한 것이다.

37. 정보 누출을 막는 신경 수초

파괴시엔 운동마비로 이어져
세포막이 확장되어 두루마리처럼 신경을 감싼 수초

우리 몸의 감각기관인 신경은 크게 중추신경과 그와 연결된 말초신경으로 분류한다. 이 두 개의 신경은 서로 친밀하게 연결되어 있다.

중추신경은 머리뼈 안과 척추 안에 있는 뇌와 척수를 의미한다. 말초신경은 중추신경에서 나와 온 몸 구석구석으로 가지를 뻗어 마치 나무가 수많은 잔가지를 뻗고 있는 것과 같다. 말초신경은 근육과 장기는 물론이고 오감을 감지하는 모든 감각기관과 뼈 속까지 진출해 있다.

우리가 느끼는 모든 감각의 시스템은 각각의 말초신경에서 자극받은 신호를 중추신경으로 보내면 중추신경은 이를 접수하고 받아들인 정보를 분석하고 반응하고 다시 지시하면 신경을 통해 전달함으로 이루어진다.

갓 태어난 신생아는 태어나면 걷는 것은 물론 목도 가누지도 못하고 눈은 떴으나 볼 수도 없다. 그 이유는 신경아교세포의 수초가 만들어지는 시간이 필요하기 때문이다. 첫 돌 전후에 겨우 걷기 시작하는 것은 인류는 다른 동물에 비교한다면 미숙아 상태로 태어난다고 볼 수 있다. 수초가 치밀하게 잘 감겨서 두껍게 만들어져야 비로소 일어서고, 걷고, 뛰는 운동을 할 수 있다.

일정 시간 경과한 후에 신경아교세포의 수초가 발달하기 시작하면서 천천히 팔과 다리에 힘이 생기며 눈은 사물에 초점을 맞추어 볼 수 있다. 여기에 많은 경험이 필요한데 적응하는 수많은 훈련으로 정교한 움직임과 다양한 감각을 터득하게 된다. 그러나 동물 중에는 야생동물처럼 태어나자마자 걷고 심지어 뛰어다니는 새끼가 있다. 이들 동물은 특이하게도 신경아교세포의 수초가 완성된 상태로 태어났기 때문에 태어나자마자 활동이 가능한 것이다. 동물은 자연계에서 천적으로부터 생존을 위한 하나님의 큰 은혜의 선물을 받았다.

신경의 성숙됨을 알 수 있는 것은 현미경이나 전자현미경으로 신경아교세포를 관찰해보면 알 수 있다. 신경세포(뉴런)의 가지인 축삭(보라색)을 보호하는 신경아교세포의 수초가 뺑뺑 돌며 둘러싸고 있다. 처음에는 한 겹의 수초가 감겨 싸고 있으나 시간이 지날수록 신경의 축삭을 치밀하게 두껍게 돌아가며 감싸고 있어서 외부의 정보가 들어오는 현상이나 신경세포의 전달물질인 정보가 밖으로 새어 나가는 현상을 막아준다. 그러므로 외부 자극에 방해받지 않고 본래의 정보를 잘 전달되도록 하는 역할을 한다. 수초가 없는 신경세포는 생각할 수 없을 정도로 수초는 중요하고 그 역할이 대단하다. 마치 전선줄을 보면 안에 구리전선이 있고 전선 밖을 절연성의 고무나 헝겊으로 감싸고 있는 것과 같은 원리이다. 이는 전기가 전달되는 과정에서 합선이나 누전 현상을 막아주는 역할과 같다.

수초가 병적으로 손상을 받거나 벗겨지는 현상을 탈수초 현상이라 한다. 마치 전깃줄 절연성 외투막이 벗겨져 합선이나 누전과 같은 문제가 발생하는 것처럼 이 신경전달에 문제가 발생하여 감각이상이나 운동마비 증세가 나타난다. 물론 우리 몸은 신경세포 하나만으로 살아가는 것이 아니라 이에 따른 중추신경계의 판단과 근육세포들의 정확한 움직임이 있어야 하며 이를 지지하는 골격이 잘 유지되어야 한다. 우리의 몸은 어느 하나의 지체인 특정 세포만 건강하다고 되는 것이 아니다. 모든 지체가 합력하여 선을 이루는 것과 같이 많은 지체들이 모여 공조할 때 효율적이고 바람직한 역할을 하게 된다(고전 12장).

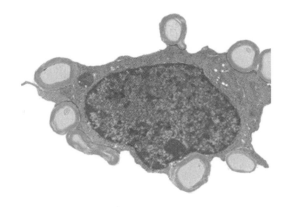

하나의 희소돌기아교세포를 전
자현미경으로 촬영하고 컴퓨
터로 색상 처리한 사진. 보라색
은 핵, 주황색은 세포질, 파란색
은 수초, 노란색은 뉴론의 축삭.
5,000배 확대사진

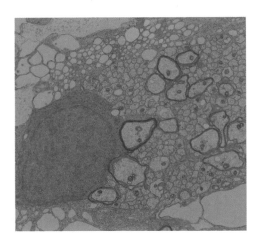

뇌에만 있는 뉴런 지지세포로써
희소돌기아교세포는 죽으면 재
생되지 않는다. 뉴런과 생사를
함께 한다.

많은 사람들은 신경세포 중에서 뉴론을 중요하다고 생각한다. 그러나 보이지 않는 곳에서 뉴
론을 돕고 보호하며 뉴론의 목숨 같은 친구인 희소돌기아교세포를 아는 사람은 별로 없는 것
같다.

38. 뉴런의 친구인 희소돌기아교세포

모양, 기능 달라도 서로 꼭 필요한 존재
중추신경에서 신경세포 뉴런 보호해

우리 몸에서 각종 정보를 감지하는 할 수 있는 것은 그물처럼 퍼져 있는 것이 각종 신경세포들이 있기 때문이다. 이는 매우 작은 가시에 찔려도 금방 통증을 느끼는 것으로도 알 수 있다. 모든 감각기관도 알고 보면 특정한 기능을 하는 신경세포들이 모여 있는 것이다. 시각, 청각, 미각, 후각, 촉각 등 오감이라는 것도 알고 보면 분야별로 분화된 신경세포의 모임이라고 할 수 있다. 이러한 오감은 신경세포가 자극을 전기신호로 바꾸어 뇌로 전달하면 대뇌가 종합적으로 느끼고 판단하는 감각이다. 신경을 잘 살펴보면 인체의 중앙과 말단으로 분포하는 것에 따라서 중추신경계와 말초신경계의 세포로 분리하여 나눌 수 있다.

우선 신경세포하면 뉴런(Neuron)을 연상할 만큼 뉴런은 신경세포의 대명사처럼 유명하다. 물론 뉴런은 신경계의 왕과 같은 위치에 있다. 모든 곁가지를 이루는 주변 신경세포는 뉴런을 위한 시녀처럼 보인다. 뉴런은 주변의 수많은 잔가지 모양을 한 나뭇가지 모양의 수지상돌기와 연접하고 있고 이웃의 신경세포들과 정보교류를 끊임없이 한다. 모습이 제왕 같은 품위를 갖고 모든 정보를 독점하고 공유를 동시에 하며 그 권력을 자랑하는 듯하다. 그러나 왕 같은 뉴런도 혼자서 관련 신경조직을 유지할 수 없다. 필요한 각종 영양분과 물자를 공급받아야 하며 대사산물을 제거하며 끊임없이 이웃과 정보를 교류해야 하는 목숨과 같은 가장 절친한 친구가 필요하다. 어떻게 보면 뉴런을 헌신적으로 도와줄 좋은 후원자이며 충성스러운 신하 같은 존재가 필요하다.

그 역할은 일반인에게는 잘 알려지지 않았지만 중추신경에만 있는 희소돌기아교세포(사진)가 한다. 이는 뉴런이라는 신경세포를 보호하고 있는 절대적 지지자이다. 뉴런과 희소돌기아교세포를 현미경으로 보면 마치 하나의 세포처럼 관찰되는데 긴 돌기 같은 축삭을 튼튼하게 감싸고 있는 모습이 보인다. 하나의 희소돌기아교세포는 8개의 뉴런의 긴 축삭을 감싸고 있어 8개의 뉴런을 먹여 살리는 보모 역할도 한다. 만일 한쪽이 손상받으면 서로 복구하기 위한 단백질을 합성하여 공급함으로 대응하는 보호본능이 충실하다. 그러나 최악의 경우 하나의 뉴런이 죽으면 이와 관계있는 희소돌기아교세포도 고유의 기능이 정지되고 곧 같이 죽는다. 반대로 희소돌기아교세포가 죽으면 강력한 후원자이며 보호자이고 공급자가 없어졌으므로 뉴런도 맥을 못 추고 결국 죽고 만다.

문제는 어느 쪽도 죽으면 이웃에 있는 뉴런이나 희소돌기아교세포가 세포분열을 통한 재생이 안 되므로 그 고유의 역할을 대신할 수 없다는 것이다. 이들은 세포학에서 상생의 가장 기본적이고 원초적인 관계를 보여준다. 어떤 경우에도 이들의 세계에는 건강한 공존만이 함께 살아갈 수 있다. 이들의 관계는 같은 종류의 세포들도 그 누구도 대신 못하고 평생 함께 살아가는 세포이며, 하나의 목숨과 같이 한평생을 동거동락하는 서로 다른 이웃 세포이며 운명을 같이 하며 장수하는 세포이다. 이 둘은 크기도 다르며 모양도 다르며 기능도 다르지만 어느 한쪽도 일방적이지 않고 상호의존적이다. 그러나 많은 사람들은 신경세포 중에서 뉴런만을 중요하다고 생각한다. 그러나 보이지 않는 곳에서 뉴런을 돕고 보호하며 뉴런의 목숨 같은 친구인 희소돌기아교세포를 아는 사람은 별로 없는 것 같다.

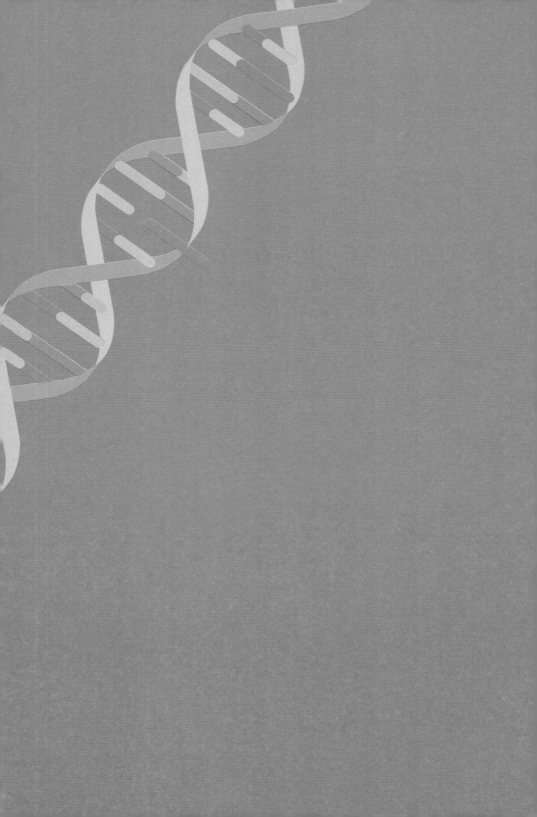

다섯 번째 세포 이야기
세포와 질병

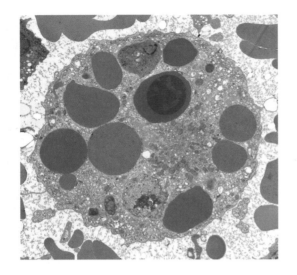

자가면역질환 설명: 자신의 골수에서 생성되는 각종 혈구세포를 잘못 인식하여 포식하고 있는 한 개의 조직구

자가면역질환은 자신의 면역체계에 이상이 있어서 생기는 병으로 자신과 남을 제대로 인식하지 못해서 생기는 면역질환의 일종이다.

39. 나를 적으로 착각하는 자가면역질환

면역체계 과잉반응으로 발생
제1형(소아)당뇨병, 류머티스성 관절염 등 대표적

우리 몸은 살아가면서 외부와 끊임없이 접촉하며 살아간다. 이에 대한 반응은 쉴 새 없이 이루어진다. 받아들일 것인가, 거부할 것인가? 좋다고 할까, 싫다고 할까? 먹을까, 뱉을까? 등이 있다. 예를 든 극단적인 선택 말고도 어중간한 일과 미세한 자극에도 끊임없이 우리의 몸은 반응한다. 이러한 자극에 대하여 정확하고 신속한 반응과 차질 없는 대책을 갖고 있기 때문에 우리 몸은 건강하게 아무 탈 없이 살아간다. 그렇다면 이와 같은 예민하고 중요한 일을 우리 몸에서 누가 담당할까? 그리고 몸 안에서는 어떤 일이 일어날까? 이일은 우리 몸의 면역체계가 있어서 이를 감지하고 대응한다. 내 몸의 것과 외부에서 들어온 것을 정확하게 알아내는 것이다. 뿐만 아니라 내 몸의 병든 곳, 이상세포인 암세포, 수명을 다해 낡고 쓸모없이 닳아 버린 세포를 제거한다. 때로는 상처로 인해 손상받은 세포들을 제거하므로 이 자리에 새로운 세포들이 잘 자라도록 깨끗이 청소해 주고 잘 복구되도록 도와주는 일도 한다. 이 일을 하는 세포들로는 면역체계의 일선에서 우리의 몸을 수호하기 위한 다양한 백혈구가 있는데 처음에 뼛속에서 태어난 후 각각의 훈련소에서 면역체계를 담당하도록 잘 훈련된다. 그러므로 다양한 기능을 각각 갖춘 백혈구가 몸속 구석구석을 찾아다니면서 자신의 역할을 다한다.

그러나 이러한 일을 잘못하는 병이 있는데 자가면역질환이다. 자가면역질환은 자신의 면역체계에 이상이 있어서 생기는 병으로 자신과 남을 제대로 인식하지 못해서 생기는 면역질환이다.

외부에 대한 이물질로 세균, 곰팡이, 바이러스, 각종 음식물, 약물, 광선 등 수많은 것에 대하여 과민하게 반응하거나 과도하게 반응을 하여 필요 이상의 반응물질을 만들어내는 등 비정상적인 일을 한다. 결국 면역반응에 잘못된 인식과 반응 체계는 정도에 차이는 있겠지만 우리 몸은 이에 상응하는 외란과 내란을 겪게 된다. 사진은 뼛속의 혈액을 전자현미경으로 3,000배 확대하여 촬영한 것으로 내 몸에 있는 조직구라는 커다란 면역세포가 내 몸을 남으로 인식하여 공격하는 모습으로 정상적인 자신의 적혈구(붉은색)와 백혈구(파란색) 등 혈액세포들을 잘못 인식하고 잡아먹은 모습이다. 이와 같은 상황이 계속된다면 몸은 병들고 심하면 생존이 위태로울 수 있다. 이러한 현상은 어떤 원인인지는 몰라도 면역체계의 혼란이 생겨서 내란을 겪는 것으로 우리 몸은 경우에 따라서 감당하기 어려워진다.

　때로는 외부의 이롭지 못한 반응에 잘 대응하는 일은 오히려 쉬울 수 있다. 그러나 내부적으로 내 몸이 겪어야 하는 면역체계의 분란은 감당하기 어렵고 무척 괴로운 일이 될 수 있다.

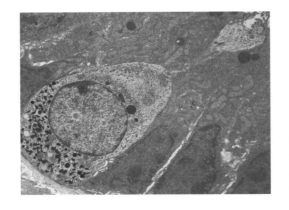

소장에 있는 세포 중에서 신경내분비세포로 식중독 위험을 알리고 설사를 유발하는 감시세포(청색)

음식물이 지나가는 장을 감시를 하는 세포(사진)는 장세포 중에서 특별한 역할을 한다. 위험을 인지하고 신경내분비를 촉진하여 전체 장에 위험을 알리고 감시하는 예민한 세포이다.

40. 식중독일 때
설사를 유발하는 장세포

독성 음식 들어오면 배설 촉진해 장 씻어
몸 보호하는 반응이자 식중독에 대한 경고

   우리는 음식물을 섭취하는 과정에서 세균에 의해서 부패한 음식물이나 독성이 있다면 경험적으로 냄새를 맡고 육안으로 알아보고 먹지 않는다. 만일 먹었다면 삼키기 전에 뱉어내는 것이 최선이다. 우리는 전통적으로 먹어온 고유의 음식 맛을 알고 있으므로 변질된 식품을 쉽게 알 수 있다. 그러므로 상한 음식이나 의심되는 식품은 먹지 않는 것이 식중독을 예방하는 방법이다.

   그러나 모르고 삼켰을 때 짧은 시간 안에 우리의 몸은 구토 증세를 일으켜 음식물을 토해내므로 몸을 방어한다. 초기에 이러한 현상은 몸을 보호하는 중요한 생리적 반응이다. 감당 못할 음식물이 들어왔다면 빨리 몸 밖으로 내보내는 일이다. 우리의 몸으로 들어온 불량 음식물을 토해 내는 것은 위장과 소장의 상부에 있을 때는 가능하다. 그러나 만일 위장을 통과한 후 소장의 중, 후반부에 이르게 되면 토해내기가 쉽지 않다. 이때 우리 몸은 음식물을 소장과 대장으로 신속하게 이동한 후 항문을 통해 밖으로 빨리 배설하는 방법을 선택한다. 부적절한 음식물이 인체에서 소화되어 흡수되지 않도록 평소와 같지 않게 신속하게 연동운동을 통해 배설한다. 급하게 체내의 영양 흡수와 탈수 및 응축 과정이 일어나지 않고 배설함으로 수분이 많은 묽은 변을 보는 현상을 설사라고 부른다. 설사의 원인에는 여러 가지가 있지만 우리 몸은 자신을 보호하기 위해서 신속한 배설이 필요하다.

만일 독성이 있는 음식물이 들어와 몸에 흡수된다면 식중독이란 위험에 처하게 된다. 주로 감당하기 어려운 상황에 빠지는 고통스러운 장염을 일으키고 심하면 괴사를 일으킬 위험도 있다. 이를 인식한 몸은 장의 운동을 자극하여 급히 연동운동인 장운동을 통해 배설을 촉진시키며 장내의 주변 세포들이 한 번에 많은 양의 점액질을 분비함으로 장을 씻어내 배설을 촉진시킨다. 이때는 복통을 유발하기도 한다.

음식물이 지나가는 장을 감시를 하는 세포(사진)는 장세포 중에서 특별한 역할을 한다. 위험을 인지하고 신경내분비를 촉진하여 전체 장에 위험을 알리고 감시하는 예민한 세포이다. 우리가 원치 않게 종종 겪는 설사도 알고 보면 우리 몸의 소화기관에서 일어나는 적절하지 않은 음식물에 대한 방어를 위한 면역작용으로 몸을 보호하려는 반응이며 식중독의 경고

이기도 하다.

성도의 삶에 예민한 영적 분별력이 있어서 하나님의 진리 영과 이와 대응하는 거짓 영을 감별하여 받아들일 것과 버릴 것을 신속하고 정확하게 구분할 줄 아는 능력이 있다면 자신과 이웃에게도 복된 삶이 되겠다(요일 1:1~6). 진리 안에서 영적인 분별력을 높여보자.

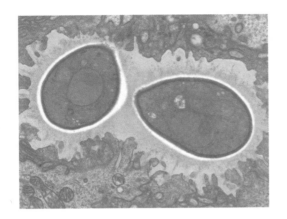

간에서 증식하고 있는 2개의 병원성 효묘균(청색)을 8,000배 확대한 사진

면역력이 약화된 몸에 부패 원인균인 미생물이 혈액을 타고 다니며 장기에서 증식한다면 이를 극복하지 못하면 이를 '패혈증'이라고 부른다.

41. 감염과 투쟁에서 패하면 패혈증

각종 병원성 미생물로부터 내 몸 보호해야

부패라는 것은 여러 영역에서 사용되는 말이다. 정치, 경제, 사회, 문화, 교육, 국방, 종교 등에 이르기까지 모든 영역에서 일부 혹은 총체적으로 부정이 있는 개인이나 공동체를 표현하는 말이다. 뿐만 아니라 물이나 각종 유기체와 식품 분야에서도 곧 잘 사용되는 말로 본질에서 변질이나 변패한 것을 표현하는 총괄적인 표현이다. 우리 몸도 부분적으로 혹은 전신적으로 부패가 발생한다. 일부분일 때는 부분 괴사라는 것을 경험하기도 한다.

패혈증은 순환하는 혈액에서 병원성 미생물인 세균이나 곰팡이균(진균), 바이러스 감염과 관계가 깊다. 면역력이 약화된 몸에 부패 원인균인 미생물이 혈액을 타고 다니며 장기에서 증식한다면 이를 극복하지 못하면 이를 '패혈증'이라고 부른다.

외상 후 2차 세균 감염 혹은 알 수 없는 여러 경로로 감염된 미생물은 인체 장기의 일부 혹은 전체가 심각하게 손상을 줄 수 있다. 어떠한 경로이든지 외부에서 들어온 세균이 몸 안에서 증식하고 혈관을 통해 다른 기관으로 전파되는 것은 상상하기 어렵지만 사실이다. 미생물은 우리 주변에 늘 존재하며 상처와 같은 각종 외상이나 호흡기계인 폐나 소화기관, 비뇨기계 등과 같은 다양한 경로를 통하여 침입한다. 본래 우리는 태어날 때에 몸 안에는 이물질이나 세균 같은 것은 없다. 그러나 살면서 각종 미생물에 노출된 환경에서 외부의 병원성 미생물이 들어오면 호흡기계의 폐렴, 뇌에 뇌염, 소화기계의 각종 장염, 간농양, 담낭염, 비뇨기계의 신우신염, 방광염, 요도염, 피부에 욕창, 피부염 등 다양하고 많은 염증을 유발하는 원인이 된다. 특별히 독성이 강한 미생물은 인체를 위협한다. 이를 '병원성 미생물'이라고 한다. 뿐만 아니라 면역력이 약한 사람에게는 일반 '비병원성 미생물' 감염이라도 심각한 감염 증세를 보일 수 있다. 그러나 건강한 사람의 혈액 안에는 미생물이 존재하지 않는다. 어떠한 경로를 통하여 인체 안에 들어와도 면역력이 이를 방어할 수 있기 때문이다.

만일 미생물이 혈관에 들어오면 혈구세포 중에 면역세포인 백혈구가 미생물을 잡아먹어 소화시키거나 죽인다. 그러나 면역력이 약한 선천성 혹은 후천성 면역결핍증(에이즈) 환자나 장기이식을 받은 사람이나 백혈병 환자 등은 면역력이 매우 취약하여 '비병원성 미생물'에도 쉽게 감염될 수 있다. 궁극적으로 본래의 질병과 다른 패혈증 증세를 보이며 사망에 이른다. 패혈증은 누구에게나 예외 없이 노출될 수 있으며 이를 조기에 발견하여 치료하지 않으면 위험하다. 현대의학 기술 발달로 지금은 항생제가 있어 많은 패혈증을 예방하고 치료하고 있다. 미생물 감염이 심각하고 온 몸이 완전히 부패해서 사망에 이르는 것이 아니다. 인체 내의 적은 수의 미생물이 살아서 이들이 급속히 증식하고 주요 장기에 감염되어 세포와 조직을 파괴하여 기능이 약화됨으로 완전 부패 단계에 이르기 전에 쇼크로 회복 불능 사태에 이르기 때문이다. 결국 일부 장기가 손상되면 돌이킬 수 없는 상황에 이르게 된다.

외출하고 돌아오면 양치질이나 손 씻기, 음식물 끓여먹기 등을 통해 우리 몸을 청결하게 유지해야 한다. 또한 부패한 음식물은 각종 식중독이 되어 패혈증으로도 발전할 수도 있다. 패혈증은 초기에는 감기 증세와 같아서 대수롭게 여기지 않고 그냥 지나치는 경우가 있다. 이를 예방하는 방법으로 면역력을 향상하고 병원성 세균과 같은 각종 미생물로부터 내 몸을 안전하게 지키는 일이 중요하다. 우리는 열심히 일하며 살아간다. 그러나 지나치면 피로하고 면역력이 약화된다. 우리의 삶은 늘 위험에 노출되어 있다. 큰 댐도 개미구멍에 의해 무너질 수 있다. 건강하던 몸도 현미경으로 보아야 관찰할 수 있는 미생물에 의해 패혈증으로 무너질 수 있는 것이다.

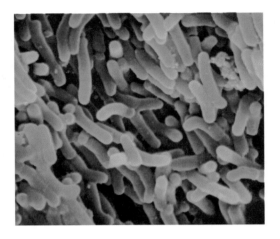

배양한 결핵균 군락을 주사전자 현미경으로 촬영해서 컴퓨터로 색일 입힌 사진

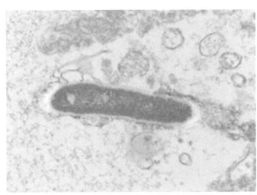

사람의 세포내에 감염된 결핵균 (분홍색) 하나를 전자현미경으로 고배율로 확대한 사진으로 소시 지처럼 보인다.

결핵균은 다른 세균과는 다르게 산소를 좋아하여 폐에 기생하므로 폐결핵 질환을 일으키므로 우리는 결핵하면 폐결핵을 연상하게 된다. 그러나 결핵은 뇌, 간, 콩팥은 물론이고 뼛속까지도 침범하고 심하면 사망에 이르게 한다.

42. 아직도 무서운 결핵균 감염질환

치료 포기 시에는 슈퍼내성결핵 출현
꾸준한 운동과 영양관리로 예방해야

결핵은 과거 많은 소설이나 영화, 드라마에서 주인공이 걸려 죽는 슬픈
이야기의 주인공이 앓는 질병이었다. 요즘에는 암이나 심혈관질환이 많
이 발생하고 이에 대한 위험 때문에 상대적으로 잊혀지는 듯하다. 그러나
눈여겨볼 만한 사실은 최근 우리나라에서 젊은 결핵환자들이 늘고 있다.

결핵균은 인류의 역사와 함께 긴 세월동안 사람을 괴롭혀온 미생물로
서 현미경으로 보아야할 만큼 매우 작은 막대 모양의 세균이다. 결핵균은
다른 세균과는 다르게 산소를 좋아하여 폐에 기생하므로 폐결핵 질환을
일으키므로 우리는 결핵하면 폐결핵을 연상하게 된다. 그러나 결핵은 뇌,
간, 콩팥은 물론이고 뼛속까지도 침범하고 심하면서 사망에 이르게 한다.
아직도 우리나라에는 결핵균 보균자가 많고 발병률도 높아 조기에 치료

하지 않으면 인명손실로 이어지는 무서운 만성전염병이다.

　결핵균은 현미경으로 보면 다른 세균과는 다르게 겉에 두터운 지방으로 둘러싼 막을 갖고 있다. 때문에 항생제 등 각종 약에도 잘 죽지 않는다. 그러므로 장기적인 치료를 해야 한다. 처음에는 결핵균을 잘 죽이는 약제가 소개되었으나 세월이 흘러 강력한 항생제 치료에서도 잘 죽지 않는 결핵균이 생겼다. 저항력이 생겨 잘 죽지 않는 내성균인 유전자의 변종으로 점점 강력한 항생제를 사용해야하는 문제가 발생한 것이다.

　결핵은 적어도 6개월 이상 장기적으로 약을 먹어야한다. 부작용과 불편 때문에 만일 환자가 약 복용을 중간에 중단하거나 불규칙하게 복용한다면 이후에 살아남은 결핵균은 치료약에 대한 내성이 생겨 전보다 더욱 강력한 항생제를 복용해야 한다. 그러므로 처음에 복용한 약으로 치료에 성공하지 못하고 실패한다면 좀 더 장기적인 치료계획을 세워야한다. 그렇게 되면 우리의 몸은 전보다 힘든 결핵균과 싸워야 한다. 초기부터 몸과 마음을 잘 다스리는 꾸준함과 인내하는 성실함이 필요하다.

　물론 치료보다 중요한 것은 예방이다. 감염되기 전 우리 몸을 튼튼하게 관리해 결핵균을 물리칠 수 있는 면역력을 높여야 한다. 결핵균은 우리 주변에 항상 있으며 감염의 기회를 노리고 있다. 결핵균에 감염된 사람은 면역력이 약한 다른 사람에게 동일한 결핵균을 감염시킬 수 있다.

영적인 문제도 마찬가지다. 베드로전서 5장8절에는 "근신하라 깨어라 너희 대적 마귀가 우는 사자 같이 두루 다니며 삼킬 자를 찾나니"라고 말씀 하고 있다. 우리가 성령 충만한 삶을 영위하지 않는다면 마귀는 틈틈이 기회를 찾아 우리에게 들어와 문제를 일으키고 낙심하게 한다. 또 이를 방어하고 초기에 치료하지 않는다면 영적 질병과 함께 사망에 이르게 될 수 있다.

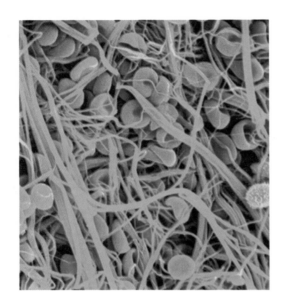

그물처럼 섬유소가 생성되며 혈
액이 새지 않도록 응고하고 주사
전자현미경 사진

혈전으로 인한 혈관 막힘을 색전이라고 부른다. 만일 빠른 시간 내에 이 문제가 해결되지 않
는다면 세포들은 돌이킬 수 없는 죽음의 '세포괴사'인 경색으로 이어진다. 생명과 직결되어
있는 중추신경과 심장의 주요 혈관이 이러한 혈전으로 막힌다면 뇌경색, 심혈관경색이 되어
위험하다.

43. 우리 몸을 위협하는 위험한 혈전

응고로 혈액순환 방해, 뇌경색 등 일으켜

순환하는 피는 생명이지만 또한 피 흘림은 죽음의 상징이다. 주 예수 그리스도의 영광된 부활의 영광과 기쁨 전에는 십자가에 달려 피 흘림의 고난과 죽음이 있었다.

살아 있는 피는 그 빛이 밝고 선명하다. 산소가 풍부할수록 그 선홍빛은 더하다. 전신을 돌고 심장으로 돌아온 피곤한 피는 어둡고 탁한 검붉은 피로서 신선함을 재충전하기 위해서 폐로 가서 산소를 품고 오면 맑고 밝은 선홍색의 피로 변신하게 된다.

피의 색깔을 결정하는 것은 적혈구이다. 붉은색은 철 성분으로 산소와 결합함으로 산화된 철 색소이다. 폐에서는 산소와 결합하고 산소가 필요한 곳인 작은 혈관에서 산소를 세포에게 공급하는 임무를 성실하게 수행한다. 이와 같이 적혈구는 산화와 환원을 반복함으로 우리 몸의 곳곳마다 산소를 공급해 주는 역할을 한다. 신기한 것은 일반 철은 산화된 후는 마치 녹이 슬어버리고 마는 것과는 다르게 인체의 철은 계속 다시 사용할 수 있다. 적혈구는 혈장이란 액체 속에서 혼자서는 떠 다닐 수가 없어 심장의 힘찬 박동에 의해서 전신으로 순환하는 흐름에 몸을 맡긴다.

피에 점도가 있는 끈적거림은 그 안에 수많은 적혈구를 포함한 백혈구와 당과 단백질과 각종 호르몬이 포함된 액체인 혈장과 관계가 있다. 피의 점도는 주로 수분의 양을 조절하는 콩팥(신장)이 관리해 줌으로 통제된다. 즉, 순환하는 피의 농도(점도)가 너무 묽어도 안 되고 진해져도 위험하다. 그리고 어떤 원인이든 혈관 안의 피의 흐름이 막힘으로 멈추면 안 된다. 항상 일정한 범위의 점도를 유지해야 한다. 응고라는 혈관 내의 흐르는 피의 굳어짐이 있으면 안 된다. 만일 피의 일부가 굳어서 덩어리가 된다면 이를 혈전(사진)이라고 부르며 한방에서는 어혈이라고 한다.

혈전은 그 크기에 따라서 작은 혈관은 물론이고 때로는 큰 혈관에서 피의 순환을 방해한다. 심하면 막힌 혈관 이후의 부위는 산소와 영양분을 공급되지 못함으로 그 주변의 세포와 이를 구성하고 있는 조직들은 저산소증과 굶주림, 저체온에 이르게 되며 세포의 최후 대사산물인 이산화탄소와 그 외의 노폐물이 제거되지 않으므로 절체절명의 위기를 맞게 된다.

혈전으로 인한 혈관 막힘을 색전이라고 부른다. 만일 빠른 시간 내에 이 문제가 해결되지 않는다면 세포들은 돌이킬 수 없는 죽음의 '세포괴사'로 이어지는 경색이 된다. 생명과 직결되어 있는 중추신경과 심장의 주요 혈관이 이러한 혈전으로 막힌다면 뇌경색, 심근경색이 된다. 이러한 현상은 경우에 따라서 한 개인의 목숨이 위태로울 수 있다. 다행히 우리 몸에는 혈전이 생기더라도 녹일 수 있는 혈전용해제가 만들어진다. 그러나 고령화, 외상에 의한 출혈, 암세포의 증식 등 어떤 원인이든 감당하기 어려운 여러 가지 종류의 혈전이 발생할 가능성이 있다.

우리의 삶에서도 항상 깨어 있어서 성령의 교통 하심을 유지함으로써 영적 소통의 막힘이 없도록 기도해야 한다. 영적 어혈증이 심화되어 종국에는 믿음의 경색에 이르지 않도록 쉬지 말고 기도하며 건강하게 소통하자.

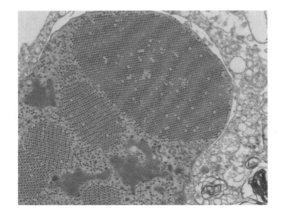

아데노바이러스는 폐렴(감기 일종)/소화기 전염병/눈병을 일으키는 병원성 바이러스이다.

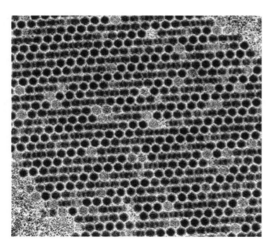

눈의 각막에 염증(결막염)을 유발하는 아데노바이러스의 전자현미경사진. 점으로 관찰되는 것 하나 하나가 바이러스이다. 이 바이러스는 눈병 말고도 폐렴과 소화기의 장염 등 다양한 질병을 일으킨다.

1969년 미국의 우주선 아폴로 11호가 인류의 최초로 달에 착륙했을 때 유행했던 질환이여서 '아폴로눈병'이란 별명이 붙게 됐다. 정확한 이름은 유행성 각결막염이다.

44. 여름철 눈병을 일으키는 바이러스

손 깨끗이 자주 씻기 등 전염병 예방 중요

여름철 수영장에서 전염될 수 있는 대표적인 눈병으로 급성 결막염이 있다. 눈의 흰자위가 충혈되고 눈물이 나며 몹시 가려워서 자꾸 눈에 손이 간다. 마치 눈에 무엇인지 들어가 있는 것처럼 이물감을 느끼므로 손으로 비비게 되고 안구가 까칠한 증세가 이어지다가 약 10일 정도 후에는 자연스럽게 회복되는 것이 일반적이다. 1969년 미국의 우주선 아폴로 11호가 인류의 최초로 달에 착륙하던 그 해에 유행했던 질환이어서 '아폴로 눈병'이란 별명이 붙게 됐다. 정확한 이름은 '유행성 각결막염'이다.

이 눈병의 병원체는 바이러스의 일종으로 아데노바이러스 외에도 일부 바이러스 종류가 관계가 있는 것으로 알려졌다. 특히 고온다습한 여름철에 전염성이 매우 강하다. 한참 질병이 진행 중인 유행성 각결막염 환자의 눈에서 분비되는 눈물에 오염된 타월이나 기타 개인용품을 통해 직접적으로 혹은 간접적으로 전염될 수 있다. 이때 환자의 눈을 접촉한 손으로 다른 물품을 만졌거나 취급했을 때 문제가 된다. 가장 일반적인 경로인 타월 등으로는 환자가 사용한 후 가족이나 혹은 다른 사람이 공동으로 얼굴을 닦는 데 사용하면 전염 가능성이 매우 높아진다.

예방이 가장 좋은 방법으로 일상생활에서 손을 자주 비누로 깨끗이 씻는 습관을 갖는 것이다. 또한 깨끗하지 않은 손으로 눈을 만지지 않도록 하며 눈병이 유행할 때는 의심되는 수영장이나 사람이 많은 곳에서 접촉을 피한다. 눈병이 발병하면 손으로 무의식적으로 눈을 만지거나 비비지 말아야 한다. 자신이 스스로 조심하여 다른 사람들에게 전파되지 않도록 개인용품을 특별히 관리하고 다른 사람과 여러 경로로 접촉되지 않도록 각별히 주의한다.

눈의 점막을 보호하는 것은 눈물샘이다. 눈의 겉 표면을 항상 눈물로 골고루 젖게 해 주고 눈을 보호하는 속눈썹과 눈꺼풀이 있다. 눈으로 들어오는 각종 먼지 등 작은 이물질이 들어오지 않도록 보호하고 각종 세균과 바이러스의 침입을 막는 기능을 한다. 또한 눈이 공기 중에 건조되지 않도록 하며 안구의 운동을 원활하게 한다. 때로는 눈으로 들어오는 강렬한 빛을 조절하거나 차단하고 잠을 잘 때는 눈의 표면이 마르지 않도록 안구를 덮어주므로 눈에 커튼 역할로 보호한다. 그럼에도 불구하고 눈은 종종 원치 않게 눈병을 앓게 된다.

각종 병원성 미생물과 바이러스로 감염되는 과정에서 눈병을 유발하여 시력을 일시적으로 방해하기도 한다. 눈을 보호하는 눈물과 눈꺼풀이 있지만 불가항력적으로 독성이 강한 바이러스에 감염되면 눈은 감당하지 못하고 이로 인한 심한 염증이 발생한다. 그러나 특별한 경우가 아니면 대부분 자연치유가 된다. 전염병은 예방이 중요하다. 감염환자와 건강한 사람을 격리하는 등 서로 각별한 주의가 필요하다.

우리의 삶에서 종종 발생하는 각종 문제도 이와 비슷한 환경에 놓여 있다. 우리의 몸과 마음을 보호하는 장치가 있고 안전지대가 있으나 원치 않게 고통과 상처를 받고 어려움을 겪을 때가 있다. 이를 극복하는 과정에서 필요한 치유의 시간이 소요된다. 이때 다른 사람에게 자신이 갖고 있는 전염성이 강한 고통과 상처의 쓴 뿌리가 이웃에게 그대로 전파되지 않도록 해야 한다. 때로는 자신을 남으로부터 일정한 거리를 유지하면서 내 마음의 쓴 뿌리가 이웃에게 나쁜 영향을 주지 않도록 하는 것도 지혜로운 방법일 것이다.

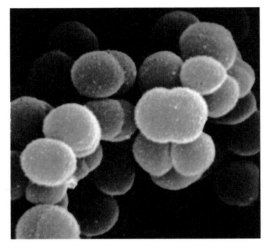

실험실에서 배양을 하면 노란색의 군락이 만들어지며 염색해서 광학현미경으로 관찰하면 마치 포도송이처럼 보이는 황색포도상구균이다. 주사전자현미경으로 30,000배 확대한 사진

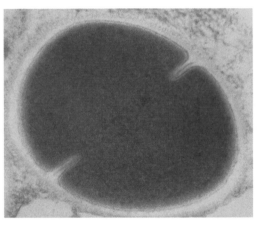

세포분열을 시작한 황색포도상구균으로 40,000배 확대한 사진

가정에서 사용하는 냉장고의 주요기능은 식품의 저온보존이라는 의미에서 보면 세균의 증식을 막는 것으로 증식을 억제하는 주요기능이 있다. 그러나 냉장고에서 세균의 증식을 막을 뿐 세균을 죽이거나 없앨 수 없다.

45. 화농과 식중독의 원인균,
황색포도상구균

식중독 일으키고, 상처 덧나게 하는 독성 지녀
음식물 오염되지 않도록 각별히 주의해야

황색포도상구균은 여름철 우리 몸과 생활 주변에 항상 존재하는 세균(사진)이다. 우리의 눈으로는 볼 수 없을 정도로 작아 현미경으로 보아야 겨우 볼 수 있는 작은 생물이어서 미생물에 속한다. 그러나 우리의 생활에서 그 영향은 매우 크다. 여름철 식품을 상하게 하여 식중독을 일으킨다. 이 세균에 오염된 식품 등에서 다량의 세균 증식을 통하여 만들어 놓은 독소는 열에 강하다. 끓여서 먹어도 독소는 파괴되지 않고 섭취하면 식중독을 일으킨다.

또한 이 세균은 우리 몸 피부에 어느 곳이든 항상 존재하는 세균으로 기회만 있으면 감염될 수 있다. 피부 상처 같은 외상이 생겼을 때 이곳에서 빠르게 증식하여 노란 고름이 생기고 상처를 곪게 만들어 상처부위를 더

악화시킨다. 이렇게 치료를 더디게 만드는 화농성 세균으로 이미 잘 알려진 악명 높은 세균이다. 그러나 앞에서 기술한 것처럼 우리의 눈에 보이지 않기 때문에 인식하기가 어렵지만 세균의 생태를 알고 예방하는 것이 최선이다.

먼저 식품에 경우 이러한 세균이 증식하지 못하도록 다음과 같은 생육조건 중에 한 가지라도 엄격하게 차단한다면 세균 증식을 막을 수 있다. 첫째, 온도로 통제하는 것이다. 세균은 대부분이 사람의 체온과 같은 온도에서 잘 자란다. 높은 온도에서나 저온에서 잘 자랄 수 없다. 고열환경에서 열처리하면 대부분의 세균은 활력을 잃거나 죽는다. 여름철에 국물로 된 음식은 자주 끓여 놓아야 안심이다.

반대로 저온처리법이다. 가정에서 사용하는 냉장고의 주요 기능은 식품의 저온 보존이라는 의미에서 보면 세균의 증식을 막는 것으로 증식을 억제하는 기능이 있다. 그러나 냉장고에서 세균의 증식을 억제할 뿐 세균을 죽이거나 없앨 수 없다. 우리의 식생활 습관에서 남은 음식은 대부분 냉장고에 넣어두는 것이 안전하다고 생각하지만 반드시 그렇지만 않다. 식품을 오래 보존하기 위해서 좀 더 나은 방법으로 냉동상태로 보관한다면 세균의 생명현상은 정지되고 식품은 장기적으로 안전하다. 그렇다고 모든 식품을 냉동보관할 수 있은 것이 아니라 식품의 특성을 잘 살펴서 저장해야 한다.

둘째, 습도를 관리하는 일이다. 습도가 높으면 세균이 잘 자란다. 사막과 같은 환경은 건조한 상태라서 공기 중에 습도가 매우 낮은 상태라 다양한 생물이 살 수 없다. 마른 멸치, 오징어나 쥐포 등 다양한 건어물은 습기가 없는 건조식품 상태에서 세균의 증식을 억제할 수 있다. 그러므로 가능한 습기가 없는 식품으로 가공하거나 건조한 상태를 유지하는 일이 중요하다.

셋째, 영양분이 있는 환경이다. 세균도 먹고 살 수 있는 환경이어야 증식이 가능하다. 맛있고 영양분이 풍부한 식품이 잘 변질되는 이유도 세균이 잘 자랄 수 있는 영양분이 충분하기 때문이다. 그러므로 식품이 세균에 오염되지 않도록 주의한다.

그 외에도 소금이나 설탕 등으로 절이거나 식초 같은 산성 상태로 보관하는 등 식품에 따라서 다양하게 보존하여 식중독을 예방하는 방법이 있다. 여름철은 세균이 증식할 수 있는 세 가지 모든 조건을 모두 갖춘 상태이므로 이로 인한 문제가 자주 발생하는 계절이다. 비가 자주 오는 고온다습한 시기에는 각종 음식물과 함께 피부질환도 발생할 확률이 높다. 앞에서 말한 세균의 증식을 막을 수 있는 세 가지 조건 중에 단 한 가지 조건을 차단하거나 주의한다면 식중독 예방이나 상처치료 회복에 큰 도움이 된다.

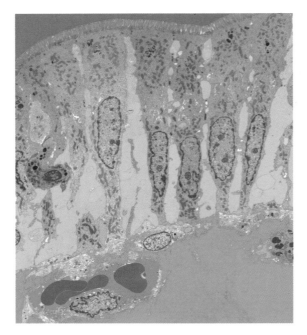

십이지장 점막 상피세포들 사이를 다니며 감시하는 백혈구 (청색)

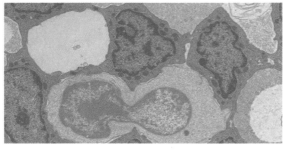

십이지장의 장세포(갈색) 사이를 비집고 다니며 감시하는 하나의 임파구(청색)를 전자현미경으로 3000배 확대한 사진

면역세포인 백혈구의 한 종류로서 우리 몸 전체에 분포한 조직 임파구가 장에 약 70%가 있다. 이들 일부 임파구(사진)는 장세포 사이를 누비며 다니면서 이들 세포에게 힘을 주며 격려하기도 한다. 또한 그 기능을 다한 장세포를 빨리 제거하도록 돕는다.

46. 장점막이란 최전방의 면역세포들

장세포, 몸에 들어오는 영양소의 흡수와 배설 선택

　계절에 차이는 있으나 해마다 한두 번 설사와 복통을 앓아 보지 않은 사람이 있을까? 환경 위생이 좋지 않은 낯선 곳을 여행한 사람이라면 더욱 그렇다. 특히 부패했거나 독성이 있는 음식물이 장 안으로 들어오면 반사적으로 구토증을 유발하거나 설사를 일으켜 몸 밖으로 빨리 내 보낸다. 유해하거나 부적합한 음식물은 장 내부에 가지고 있을 이유가 없는데 이는 몸에 큰 해가 되기 때문이다. 아무리 배가 고프고 몸의 영양상태가 좋지 못해도 부패했거나 오염된 음식물을 먹어서는 안 된다. 우리가 섭취하는 각종 음식은 장을 통과하고 장점막을 통해 영양분이 흡수되며 간을 통과한 후 혈액을 통해 온 몸에 전달되어 몸의 일부가 되며 힘의 근원이 된다. 그러므로 우리는 세상에 사는 날까지 음식물을 잘 분별하며 먹어야 한다. '장이 건강해야 오래 산다'는 말이 있다. 또한 '속이 편하다'는 말도 알고 보면 장과 무관하지 않다.

　우리가 먹는 각종 음식과 음료는 결국 장을 통해 몸 안으로 들어온다. 한참 자라는 유년기에는 흡수된 영양분이 몸의 일부로 바뀌어 살이 되고 뼈가 되어 키도 크고 몸집도 커진다. 장을 통한 외부로부터 들어오는 음식물의 흡수 과정은 우리 몸에 영양 물류시스템의 시작이라고 볼 수 있다. 어떻게 보면 장은 우리 몸 안에 일부인 것 같으나 사실 몸 안의 밖이라고도 할 수 있다. 입에서 항문에 이르기까지 용도나 구조가 다를 뿐, 하나의 연속선상에 있는 몸 밖과 연결된 긴 튜브(관) 모양의 통로라고 볼 수 있다. 이와 같은 음식물이 지나가는 통로에서 음식물과 직접 닿는 장점막은 늘 스트레스를 받는다. 그러므로 장세포는 우리 몸을 이루고 있는 가장 수명이 짧은 세포 중에 하나이다. 독한 술이나 일부 의약품, 불량식품에도 장세포들은 잘 손상받는다. 장세포는 외부에서 들어오는 음식물에 대하여 예민하게 반응하고 감시한다.

　뿐만 아니라 장은 섭취한 음식물 외에도 늘 장 안에는 많은 종류의 세균이 잘 증식하며 그로 인해 큰창자(대장)의 세균 양도 무시 못 할 만큼 많다. 우리 장내의 대표적인 세균의 이름은 대장균이라고 불린다. 이와 같은 세균의 대부분은 무해하거나 오히려 유익한 세균으로 공생하는 세균도 존재한다. 그러나 장점막에 심한 자극을 주거나 손상을 주는 유해한 세균도 있다. 발효식품을 만드는 유익한 세균이 있는가 하면 음식물을 부패시켜 식중독을 일으키는 독성 세균들도 있다. 이와 같은 일의 감시도 장세포가 감당해야 할 일이다. 이를 지키기 위한 면역세포의 기능이나 그 수가 약 70%가 장에 포진한 것만 봐도 얼마나 중요한 영역인지 알 수 있다.

장세포는 외부에서 음식물이 들어오는 과정을 점검하고 각종 소화효소를 적재적소에서 분비하여 소화시키며 흡수할 것과 배설할 것을 선택한다. 그러므로 늘 긴장하고 있다. 무분별하게 먹는 주인의 몸을 위해 해로운 음식물은 응급적인 반응으로 구토와 설사로 보호한다. 그런데 이러한 기능을 하는 장세포를 도와주는 세포가 있다. 면역세포인 백혈구의 한 종류로서 우리 몸 전체에 분포한 조직 임파구가 장에 약 70%가 여기에 있다. 이들 일부 임파구(사진)는 장세포 사이를 누비며 다니면서 이들 세포에게 힘을 주며 격려하기도 한다. 또한 그 기능을 다한 장세포를 빨리 제거하도록 돕는다. 음식물이나 유해한 세균으로 손상을 받은 세포와 수명을 다한 세포를 빨리 소멸시키고 새로운 장세포를 복구하도록 돕는다.

성도는 성령이 주시는 영적 분별력이 있어야 한다(고전 2:13). 비록 영적 굶주림이 있다 해도 잘못된 이단의 사슬에 사로잡히면 안 된다. 이는 영적 배탈과 함께 식중독과 같은 고통을 당할 수 있다. 심한 경우 영적 식중독은 영적 사망에 이를 수 있다.

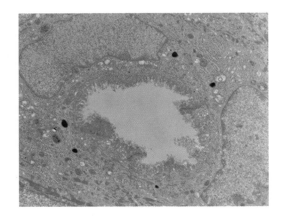

피부의 땀구멍(청색) 단면을 4000배로 확대하여 촬영한 사진

땀을 흘리게 하는 곳은 어느 곳일까? 체온의 미세한 상승을 혈류를 통해서 뇌에 전달하면 이를 인식하고 땀을 흘리도록 뇌가 땀샘에게 지시한다. 체온이 적정하게 유지되면 더 이상 땀샘을 자극하지 않으므로 땀을 흘리지 않게 된다. 땀은 피부가 스스로 알아서 흘리는 것이 아니라 중추신경인 뇌가 관여한다.

47. 우리 몸에 있는 피부의 냉각수, 땀

체온유지 위해 피부의 땀샘 통해 조절
심하게 땀 흘린 후에는 필요한 수분을 채워줘야

우리 몸의 밖을 덮고 있는 피부는 현미경으로 보아야 할 정도의 작은 구멍이 수없이 많다. 그중에 땀을 몸 밖으로 배출하는 미세한 땀구멍(사진)이 있다. 사람의 체온은 항상 일정한 온도를 유지해야 하므로 체온이 올라간 우리의 몸을 정상온도 상태로 낮추는 일은 생명현상에서 매우 중요하다. 땀을 많이 흘리든지, 적게 흘리든지 땀을 흘리는 현상은 나름대로 우리 몸의 중요한 기능이다.

땀을 흘리게 하는 곳은 어느 곳일까? 체온의 미세한 상승을 혈류를 통해서 뇌에 전달하면 이를 인식하고 땀을 흘리도록 뇌가 땀샘에게 지시한다. 체온이 적정하게 유지되면 더 이상 땀샘을 자극하지 않으므로 땀을 흘리지 않게 된다. 땀은 피부가 스스로 알아서 흘리는 것이 아니라 중추신경인 뇌가 관여한다. 땀이 나게 자극하는 신경이 있다. 뇌의 위치는 대뇌와 소뇌 사이에 호흡과 체온조절 같이 매우 중요한 생명유지를 담당하는 간뇌가 있다. 체온이 올라가면 이를 감지하는 뇌는 피부의 땀샘을 통해서 땀을 분비하도록 한다. 수분의 증발로 과열된 체온을 내려서 정상온도를 유지하도록 하는 것이다.

땀을 흘리는 상황도 다양하다. 계절적인 원인으로 겨울보다 여름철에는 많은 땀을 흘린다. 우리나라의 여름은 온도와 습도가 높아서 땀을 많이 흘리게 한다. 가만히 있어도 이마에서 땀이 송골송골 맺히고 급기야 흐르는 땀을 수건으로 닦아내도 계속해서 땀은 난다. 많은 양의 땀으로 속옷은 물론 겉옷까지도 젖는다. 한편 더운 음식을 먹을 때는 당연하지만 찬 음식이라도 아주 매운 음식을 먹을 때 땀이 난다. 일을 열심히 할 때나 운동을 할 때도 상승된 체온을 정상온도까지 낮추기 위해서 땀을 흘리면서 체온 조절을 한다. 힘들고 어렵고 일의 강도가 높을수록 그 양은 비례한다. 뿐만 아니라 육체적인 노동과 비슷하게 정신적 노동에도 땀이 난다. 그 외에 몹시 긴장되고 조바심이 날 때도 땀이 나는데 식은땀이란 것도 있다. 몸의 체온이 올라가서 땀이 나는 경우와 다르게 심리적으로 받는 공황상태나 당황한 일을 경험할 때도 땀과 무관하지 않다.

땀은 신체 부위별로 흘리는 양의 차이가 있다. 유난히 땀이 많이 나는 곳이 있다. 또한 땀의 양은 개인 차이도 있다. 그리고 나이에 따른 차이도 있어서 어릴 때는 땀을 많이 흘리지만 나이가 들어감에 따라서 땀의 양이 적어진다. 어떤 이유이든 땀을 많이 흘리면 수분이 우리 몸에서 배출된 것으로 필요한 만큼 채워져야 한다. 흘린 땀은 피부로 재흡수되지 않기 때문에 외부에서 수분의 공급이 필요하다. 우리의 몸은 서로가 유기적으로 역할 분담과 상호 협조 체계로 안전과 안정 상태를 유지한다. 우리 몸은 수분의 배출을 조절하여 평형을 이루게 하는 콩팥의 기능과 함께 피부의 땀샘이 공조체계를 이룬다. 땀을 많이 흘려서 탈수현상으로 수분이 부족하면 뇌는 이를 알고 물을 찾게 한다. 이때가 목마름이다.

성령 충만함을 목마름같이 사모하며 갈급하는 마음이 있다면 채워주심을 믿는다. 이사야는 고백한다.

"오직 야훼를 앙망하는 자는 새 힘을 얻으리니 독수리가 날개 치며 올라감 같을 것이요 달음박질하여도 곤비하지 아니하겠고 걸어가도 피곤하지 아니하리로다"(사 40:31)

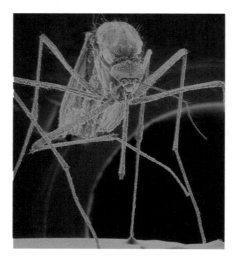

말라리아를 옮기는 모기

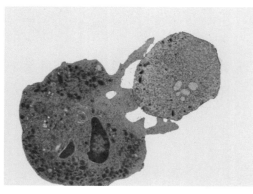

말라리아 원충(붉은색)을 잡아
먹는 백혈구(청색)

모든 말라리아 모기는 처음 알에서 태어나 성충에 이를 때까지 말라리아 병원체인 원충을 갖고 태어나지 않는다. 그러나 암컷 모기는 산란을 위해 동물성 단백질이 필요함으로 피를 필요로 한다. 이때 동물이나 사람이 말라리아에 감염되어 있는 상태라면 모기가 피를 흡입하는 과정에서 모기의 침샘으로 말라리아 원충이 옮겨온다. 이때부터 말라리아모기에 물리는 사람들은 말라리아에 걸릴 위험이 처하게 된다.

48. 모기가 옮기는 전염성, 말라리아

모기가 옮기는 무서운 병 '말라리아'

　여름은 노출의 계절인데 몸을 더위에서 식히기 위해 피부가 노출된다. 그리고 산과 물을 찾아 휴가를 보내는 시기이다. 이때가 각종 해충이 우리의 주변에서 활동하며 동물은 물론이고 사람도 예외가 아니어서 틈만 나면 우리에게 접근해서 괴롭힌다.

　그중에서도 낮에는 파리가 우리를 귀찮게 하는데 특히 식탁에서 그렇다. 밤이 되면 모기가 기회를 엿보아 나 자신도 모르는 사이 피부에 앉아 피를 빨아먹는다. 매우 적은 양의 흡혈이지만 물린 자리는 틀림없이 붉게 부풀어 몹시 가렵다. 일부 종류의 모기는 추가적으로 전염병을 옮기는 악당들이다. 우리나라에서도 여름과 가을에 종종 발생하는 일본뇌염, 열대지역에서 여행하다가 혹은 거주하다가 걸리는 대표적인 풍토병으로 황열, 뎅기열 등 모기가 전파하는 전염성 질환이 많다. 요즘 임신부에게 위협이 되는 지카 바이러스를 옮기는 모기 문제가 관심을 끌고 있다.

고대부터 열대 및 아열대지역과 여름철 온대지역에서 한대지역까지 모기가 서식할 수 있는 환경에서 전파되는 질병이 있다. 요즘 모기로 인해 우리나라에서 문제가 되는 것 중에 하나가 말라리아(사진) 질병이다. 세계보건기구에 의하면 말라리아는 전 세계적으로 유행하는 단일 전염병으로 해마다 가장 많은 감염자와 그에 따르는 사망자가 발생하는 질환이다. 그 중심에 학질모기로 알려진 중국 얼룩날개 모기가 말라리아를 옮기는 것으로 알려졌다. 우리나라에서는 한 종류의 말라리아 질환이 있지만 무시하지 못할 만큼 연중 높게 발생하는 전염성 질병이다. 처음에는 휴전선 근처의 일부 지역에서 발병하여 보고되던 것이 이제는 전국적으로 감염상태의 환자가 보고되고 있다. 그러므로 여름철 피부가 노출되어 모기에 물리지 않도록 하는 것이 중요하며 여기에 대한 주의와 예방대책이 있어야 한다.

여기서 주의 깊게 생각할 것은 모든 말라리아 모기는 처음 알에서 태어나 성충에 이를 때까지 말라리아 병원체인 원충을 갖고 태어나지 않는다. 암컷 모기는 산란을 위해 동물성 단백질이 필요함으로 피를 필요로 한다. 이때 동물이나 사람이 말라리아에 감염되어 있는 상태라면 모기가 피를 흡입하는 과정에서 모기의 침샘에 말라리아 원충이 옮겨온다. 이때부터 말라리아모기에 물리는 사람들은 말라리아에 걸릴 위험이 처하게 된다.

말라리아모기를 퇴치시키고 물리지 않는 것도 중요하지만 말라리아에 걸린 사람을 찾아 근원적으로 치료하는 일도 중요하다. 두 가지를 동시에 실행한다면 그 효과는 더욱 좋다. 그러나 둘 중에 하나만이라도 확실하게 차단한다면 말라리아의 전염으로부터 자유로울 수 있다.

우리들도 건강한 믿음의 성도가 되기 위해서 하나님의 전신갑주를 입고 (엡 6:13) 악한 세력으로부터 우리의 영과 육을 보호하고 모든 일에 강건해져야 한다. 모기의 습성은 밝은 곳보다는 어두운 곳을 좋아한다. 몸의 청결한 상태보다는 땀 냄새를 포함한 불결한 체취를 인지하여 접근하며 자신의 종족을 번식시키기 위해서 피를 흡혈한다. 더 나아가 전염병을 옮겨 고통과 죽음으로 이끄는 악한 마귀의 기질을 고루 갖춘 해충이다. 그러나 우리는 이들을 퇴치할 수 있다. 예방법은 모기에 물리지 않도록 주의하는 것이며 모기의 서식 환경을 없애는 것이다.

주위에 모기가 산란하고 서식할 수 있는 빗물 웅덩이를 없애고 모기가 접근을 못하게 하는 관련 예방약품과 향과 모기장을 준비하는 것이다. 여름철에 각종 해충과 감염성 질환으로부터 영육 간에 강건하길 기도한다.

윤철종의 마이크로월드

1판 1쇄 발행 2020년 11월 13일

지은이 윤철종
발행처 도서출판 다바르   발행인 임경묵
디자인 및 인쇄 장원문화인쇄
주소 인천 서구 건지로 242, A동 401호(가좌동)
전화 032) 574-8291
ISBN 979-11-970294-4-8